住宅与公共建筑室内装饰装修产品系列标准应用实施指南

住房和城乡建设部标准定额研究所　编著

中国建筑工业出版社

图书在版编目（CIP）数据

住宅与公共建筑室内装饰装修产品系列标准应用实施指南 / 住房和城乡建设部标准定额研究所编著. -- 北京 ：中国建筑工业出版社，2024. 10. -- ISBN 978-7-112-30028-0

Ⅰ. TU504-62

中国国家版本馆 CIP 数据核字第 2024W3K623 号

责任编辑：张　瑞
文字编辑：卢泓旭
责任校对：李美娜

住宅与公共建筑室内装饰装修产品系列标准应用实施指南
住房和城乡建设部标准定额研究所　编著
*
中国建筑工业出版社出版、发行（北京海淀三里河路 9 号）
各地新华书店、建筑书店经销
北京科地亚盟排版公司制版
建工社（河北）印刷有限公司印刷
*
开本：787 毫米×1092 毫米　1/16　印张：9¼　字数：278 千字
2024 年 8 月第一版　　2024 年 8 月第一次印刷
定价：**48.00** 元
ISBN 978-7-112-30028-0
(43146)

《住宅与公共建筑室内装饰装修产品系列标准应用实施指南》编委会

编 制 单 位

北新集团建材股份有限公司
天津中晶建筑材料有限公司
上海进念室内设计装饰有限公司佳园分公司
广东新元素板业有限公司
西卡（中国）有限公司
苏州金螳螂建筑装饰股份有限公司
江西湖源实业有限公司
金强（福建）建材科技股份有限公司
三棵树涂料股份有限公司
圣象集团有限公司
贝朗（中国）卫浴有限公司
惠达卫浴股份有限公司
江苏昊特板业科技有限公司
立邦涂料（中国）有限公司
上海中寓住宅科技集团有限公司

前　言

建筑作为一项系统性工程，规划设计、产品选型、施工安装、验收、使用维护，全过程环环相扣。在建筑活动中，离不开建筑产品的选用和应用，产品和施工都深刻地关系到建筑工程的质量，影响到居民和使用者的舒适度和幸福感。建筑产品标准作为保证产品质量的基础，应该满足工程建设标准的需求，更有效地服务于工程实际应用。

随着经济社会的发展，我国室内装饰装修的技术不断发展、产品不断迭代，装饰效果不断丰富，质量也逐步提高，相应的标准体系也逐步完善，但标准化、系列化水平与国外发达国家相比仍有差距，装饰装修产品和工程之间的衔接仍然存在一定程度的脱节，没有把产品标准的贯彻实施纳入工程建设各个阶段的基本程序中。选用标准的缺失也使得设计目标和产品、做法选型之间存在一定脱节，设计师、工程师、投资方等各方决策者难以对产品标准进行理解和应用，对指标控制不严，造成了“低价中标”的现象，不仅影响了工程质量，也在一定程度上造成了“劣币驱逐良币”的产业状况，不利于工程质量的把控和建筑产业的健康、协同发展。

为了促进装饰装修标准实施，提升好房子内在品质，住房和城乡建设部标准定额研究所组织编写了《住宅与公共建筑室内装饰装修产品系列标准应用实施指南》（以下简称《指南》）。《指南》主要面对民用建筑，通过对室内装饰装修中隔墙、墙面、楼地面、顶面、室内门窗、厨卫各系统的产品和工程应用问题进行调研和研究，对设计要点、产品选型及相关标准、典型做法及相关标准进行研究梳理，打通设计需求、性能目标、产品选型和工程应用的链条，为产品标准应用在设计选型和工程实践中提供参考。

《指南》共分为 8 章：第 1 章介绍了室内装饰装修产品国内、国外的技术和产品的发展现状，梳理了国内外相关标准；第 2 章～第 7 章分别针对隔墙、墙面、楼地面、顶面、室内门窗、厨卫的设计要点、产品选型及相关标准、典型做法及相关标准进行了梳理，第 8 章展望了室内装饰装修产品技术和标准化的发展趋势。

对《指南》的应用有以下事项需要说明：

（1）《指南》以目前颁布的室内装饰装修主要产品标准为立足点，以满足相关工程技术规范的需求为目的进行编写。

（2）在实际工程中，室内装饰装修工程除了轻质隔墙的安装以及墙面、楼地面、顶面等部位的饰面装饰，还常涵盖室内防水工程、管线敷设、设备安装，同时装饰装修完成面需要进行管线和设备的隐蔽和装饰，部分改造类装饰装修工程也涉及更换外门、外窗。但从产品角度，一般装饰装修产品与设备、防水、外门窗分属不同体系。因此，《指南》主要涵盖室内装饰装修材料，不涉及设备管线、外门窗的内容。

（3）《指南》列出了室内装饰装修隔墙、墙面、楼地面、顶面、室内门窗、厨卫在工程应用中的设计要点、产品选型及相关标准、典型做法及相关标准，其目的是通过梳理从工程应用需求到产品选型的重要因素，指导《指南》的使用人员在实际工作中正确选用相关产品，做到科学选择和合理设计，切实提高室内装饰装修产品在工程中的应用质量。

（4）《指南》涉及的产品主要选取工程实践中较为常用的产品类型，由于我国幅员辽阔，不同地域的气候特征、生活习惯和审美偏好差异较大，工程做法和产品选型也有所区别，因此难以涵盖所有类型。在应用过程中，欢迎广大读者联系编制组进行修正和补充。

（5）《指南》对标准的引用以研究周期内（截止到 2023 年 11 月 27 日）现行的版本为依据，并参考了部分即将发布的标准，相关内容仅做参考。在应用过程中，应以相关标准的最新版本（包括所有的修改单）为准。

（6）《指南》中的案例说明不得转为任何单位的产品宣传内容。

（7）《指南》内容不能作为使用者规避或免除相关义务与责任的依据。

由于室内装饰装修产品涵盖内容广泛，《指南》中选材论述引用可能存在不当或错误之处，望广大读者加以理解，并及时联系编制组以便修正，以期在后续出版中不断完善。

住房和城乡建设部标准定额研究所

2023 年 11 月

目　录

1 概述

1.1 国内外产品概况

建筑室内装饰装修自古以来就与经济发展水平、文化审美、生活习惯和工程建造方式息息相关。在手工作业时代，东西方文明均留下了精美的设计作品，进入工业化时代后，常见的装饰装修建材，如瓷砖、织物、涂料、人造板材等均实现了社会化供应。随着社会经济的发展，各国装饰装修设计、产品与工程实践与建筑产业整体的发展相匹配，如1969年，日本就制定了《推动住宅产业标准化五年计划》，开展材料、设备、制品标准等方面的调查研究工作，制定了“住宅性能标准”“住宅性能测定方法和住宅性能等级标准”以及“施工机具标准”“设计方法标准”等。目前日本工业化、社会化生产的各类住宅装饰装修部品部件尺寸和功能标准都已成体系；美国经济发达、场地广阔，联排和独栋住宅一般采用简洁的装饰装修方法，与所采用的住宅结构做法相匹配并一次安装到位，高档公寓一般采用购房者和供应方共同制定设计方案的方式，装饰装修部品标准化、系列化和商品化程度高，产品丰富，装饰装修材料多样。

我国在20世纪80年代“小康住宅”项目研究中就开始了居住行为实态调查、标准化方法研究、厨房卫生间定型系列化研究、管道集成组件化研究等，开发了成套厨房设备(家具)、洗面台、淋浴盘、洗衣机盘、综合排水接头、半硬性塑料给水管、推拉门、安全户门、轻质隔墙等部品。据1991年统计，有150多家企业引进国外240多条塑料双轴挤出机生产线，其中120条用于制造塑料门窗异型材，其余为塑料管材、管件；引进了墙地砖生产线300多条，人造大理石、人造玛瑙卫生洁具生产设备20多套；22家企业引进了砌块生产线（设备）。

随着城市化进程的推进，商品住宅的发展也伴随着住户对于装饰装修个性化、舒适化的追求，不仅作为最主要的生活场景，也具备着展示个性、档次的重要作用，装饰装修产业也随之蓬勃发展，但这个阶段毛坯房的自主装饰装修也反映出装饰装修产品质量参差不齐的问题，《国务院办公厅转发建设部等部门关于推进住宅产业现代化提高住宅质量若干意见的通知》（国办发〔1999〕72号）明确指出要积极发展通用部品，逐步形成系列开发、规模生产、配套供应的标准住宅部品体系。随着经济社会的发展，我国装饰装修技术不断发展、产品不断迭代，装饰效果不断丰富，质量也逐步提高。

室内装饰装修产品一般需要经过现场施工，因此除了材料和产品本身的质量外，建筑室内装饰装修的建造方式、建造质量也极大地影响到建筑室内装饰装修的质量。设计选型则是两者之间的连接桥梁，即使是同种材料应用在不同的位置，性能要求也有所不同，因此虽然目前装饰装修产品涉及的材料主要是以材料类型进行分类，但《指南》按照隔墙、墙面、楼地面、顶面、室内门窗和厨卫的常用装饰装修材料为分类方式，兼顾工程应用要点。

1.1.1 隔墙产品

隔墙产品主要是指建筑中的内隔墙，对隔墙的性能要求涉及隔声、耐水、耐火等方面。隔墙的选型与建筑类型关系较大，如日本集合住宅内隔墙多采用龙骨隔墙，独栋住宅多采用木龙骨隔墙。国内住宅建筑隔墙产品最开始的主流方式是使用黏土砖，公共建筑则根据功能、结构、规模等情况选择使用砖墙或龙骨隔墙。但随着高层住宅的发展和黏土砖的禁用，各类新型隔墙材料开始盛行。近年来，装配式建筑的推广也进一步加速了条板隔墙的发展，隔墙材料趋于丰富，如蒸压加气混凝土条板、水泥条板、石膏空心条板等。随着快速建造、无损拆装、低影响改造等多种应用场景的推广，也出现了模块化隔墙、金属隔墙等多种新类型。

1.1.2 墙面产品

墙面作为室内装饰装修面层直接相关的系统，除与空间设计匹配的装饰效果，其防火、环保、耐变形、耐撞击、耐擦洗、耐划擦、不易变色老化等性能都是选材选型中需要结合应用场景加以考虑的。

墙面设计需要与结构形式、基层材质等相匹配，如日本的“一户建”独栋住宅与钢、木等结构类型相匹配；石膏板贴墙纸是应用较为广泛的类型；租赁住宅中为了在新住户入住前定期进行饰面更换，也常用墙纸墙布。相比墙顶地的饰面，欧洲各国更常使用软装家具进行空间氛围的营造，住宅墙面常用涂料类，局部点缀瓷砖、木饰面、金属板等。

《指南》主要针对乳胶内墙涂料、无机涂料、墙纸墙布、金属装饰板、石膏板、硅酸钙板、硫氧镁板、大理石及花岗石、陶瓷砖（板）及岩板、玻璃、竹（木）纤维板、木塑装饰板、木质挂板、聚氯乙烯发泡板、木丝水泥板等产品的产品标准进行研究梳理。

1.1.3 楼地面产品

在楼地面设计过程中，首先是根据功能要求考虑楼地面的隔声、保温等要求，确定是否需要进行供暖以及架空的需求；其次，根据所在空间的功能要求和装饰效果确定面层材料的选型和性能。从饰面材料来看，地面装饰装修材料常用瓷砖等无机板块类、木地板和实木复合地板类、弹性地板类、地毯、地坪涂料等，住宅常用的材料为瓷砖和木地板类。国外的饰面选择与气候、生活习惯和建筑技术体系有关，地毯较国内更为常用，如美国公寓类建筑一般采用地毯，构造方式和施工方法比较简单，独栋住宅由于多采用木结构，因此多选用木地板（及实木复合、强化地板等）或地毯的方式。

《指南》主要针对常用的地面材料，如陶瓷地砖、大理石、花岗石、水磨石、实木地板、复合木地板、强化木地板、聚氯乙烯地板、橡胶地板、地毯、环氧磨石、地坪涂料[1]展开梳理和研究。

1.1.4 顶面产品

顶面除了具备防火、环保、吸声和隔声性能外，装饰装修效果是顶面设计考虑的重

[1] 地坪材料的种类很多，名称尚不统一，《指南》主要针对住宅和公共建筑的常用类型，同时调研了设计师常用的类型和可识别、可理解的产品类别名称。

点，考虑顶面造型、效果设计时一般与空间功能、装饰风格相协调。吊顶的造型和效果往往与面板和龙骨系统相关，如整体面层吊顶、板块面层吊顶、格栅吊顶、垂片吊顶、金属条板吊顶、厨卫集成吊顶、软膜吊顶等，不进行吊顶的顶面设计主要采用涂料的方式。

顶面是建筑室内装饰装修设计中管线较为集中的部分，吊顶设计需与建筑功能相匹配、设备管线相协调，需要综合考虑面板与设备尺寸协调、设备荷载安全性、设备振动等问题，从而提高吊顶结构的安全性和美观性。

1.1.5 室内门窗产品

门窗是室内装饰装修的重要产品，室内门除需满足基本的使用功能以外，主要需考虑门的装饰效果和造型设计。我国传统装饰装修中，木门具有丰富的原料素材，优美多样的装饰造型，在室内装饰装修中至今仍占有一席之地，因此在室内装饰装修中，分室门仍然以木门为主，在厨卫、阳台等场所，会选用玻璃门、金属门等。

室内窗与外窗相比，功能较为简单，性能要求不高，除了增加采光和通风，还可以通过分隔空间增加室内层次，材质有木质窗、铝合金窗和塑料窗（俗称塑钢窗）等。

由于门窗的标准适用范围常涵盖室内、室外，因此《指南》在梳理过程中，重点关注与室内使用相关的标准和性能，供设计师在选型中参照使用。

1.1.6 厨卫产品

厨房和卫生间有较高的防水、防火、环保要求，厨房饰面的耐高温、耐酸碱、易擦洗等要求较高；卫生间的防水、耐水要求很高。同时，厨卫空间狭小，还集成了大量管线设备、部品部件，综合设计难度较大。由于公共厨房属专项设计的范畴，因此《指南》仅针对住宅厨房。

由于设计和建造较为复杂，国内外的厨卫均倾向于提供整体的解决方案，如日本采用整体厨卫的方式，标准化产品成套供应。整体卫浴相当于在住宅中安装一个“防水盒子”，是独立结构，不与建筑的墙、地、顶面固定连接，底盘一次成型，解决传统浴室容易漏水的问题。日本的整体卫浴已经越来越向节能环保、人性化、适老化、精细化的方向发展。在国内，我国的整体卫浴首先在中日合作的项目中进行试点，并在快捷酒店等项目中进行了大量实践。作为一种类型，《指南》也涉及一般要求和整体厨卫的专项要求。

1.2 国内外标准概况

从标准方面看，各国建筑室内装饰装修标准体系均已形成，并与法律法规、技术文件构成整体，但从具体构架来看有所区别。《指南》分成日本、ISO 和欧美标准以及国内建筑室内装饰装修标准进行梳理研究。

1.2.1 日本建筑室内装饰装修标准

日本的建筑基准法、规定实现基准法要求的监管及程序的政府令、省令和省级告示、地方政府根据地方具体情况制定的补充条款，以及法规大量引用的技术标准文件构成了日本建筑技术法规体系。建筑基准法是日本主要的建筑法律文件。此外，还有一些同样涉及建筑防火安全、结构安全、卫生安全、无障碍、节能等方面技术要求的法律文件。日本建筑技术标准本身是非法律效力文件，自愿采用，但它是建筑法律法规引用的重点对象。标准及其条款被法律法规引用后即具有与技术法规相同的法律地位。被日本法律法规引用的建筑技术标准主要有日本工业标准化委员会（JISC）组织、日本标准协会（JSA）具体起草的日本工业标准（JIS），日本建筑学会（AIJ）技术委员会编制的标准、指南等。

日本室内装饰装修标准有按照使用场景的选用标准，如《住宅用收纳隔墙用材》（JIS A 4414《住宅用収納間仕切り構成材》）、《家庭用内墙涂料》（JIS K 5960《家庭用屋内壁塗料》）、《墙壁和天花板用粘合剂》（JIS A 5538《壁・天井ボード用接着剤》），也有按照常用材料分类的，如《墙纸》（JIS A 6921《壁紙》），见表 1-1。

日本室内装饰装修墙、顶、地主要标准　　表 1-1

类型	标准号	日文标准名称	中文名称
隔墙和墙面	JIS A 6921	壁紙	墙纸
	JIS A 5538	壁・天井ボード用接着剤	墙壁和顶棚用粘合剂
	JIS A 6517	建築用鋼製下地材（壁・天井）	建筑用轻钢龙骨（墙壁、顶棚）
	JIS A 6922	壁紙施工用及び建具用でん粉系接着剤	壁纸施工及建筑用淀粉类粘合剂
	JIS K 5960	家庭用屋内壁塗料	家庭用内墙涂料
	JIS A 4414	住宅用収納間仕切り構成材	住宅用收纳隔墙用材
	JIS A 6504	建築用構成材（木質壁パネル）	建筑用构成材料（木质墙板）
	JIS A 0016	収納間仕切ユニット内機器収納空間のモデュラーコーディネーション	收纳隔断单元内设备收纳空间的模型协调
	JIS A 6512	可動間仕切	可变隔墙
楼地面	JIS A 1451	建築材料及び建築構成部分の摩耗試験方法（回転円盤の摩擦及び打撃による床材料の摩耗試験方法）	建筑材料和建筑组成部分的磨损试验方法（由圆盘的摩擦和撞击引起的地板材料的磨损测试方法）
	JIS A 1454	高分子系張り床材試験方法	高分子地板材料试验方法
	JIS A 1455	床材及び床の帯電防止性能ー測定・評価方法	地板材料及地板的防带电性能-测定、评价方法
	JIS A 5705	ビニル系床材	乙烯基地板
	JIS A 6506	建築用構成材（木質床パネル）	建筑构成材料（木质地板板材）
顶面	JIS A 6517	建築用鋼製下地材（壁・天井）	建筑用轻钢龙骨（墙壁、顶棚）
	JIS A 5538	壁・天井ボード用接着剤	墙壁和顶棚用粘合剂
	JIS A 1445	システム天井構成部材の試験方法	系统顶棚构件的测试方法

门窗和厨卫主要从功能性出发，主要标准见表 1-2 和表 1-3。

日本门窗的主要标准　　表 1-2

标准号	日文标准名称	中文名称
JIS A 1518	ドアセットの砂袋による耐衝撃性試験方法	整樘门耐沙袋冲击性的试验方法
JIS A 1521	片開きドアセットの面内変形追随性試験方法	平开门的平面内变形试验方法
JIS A 1523	ドアセットのねじり強さ試験方法	门的抗扭曲强度试验方法
JIS A 1524	ドアセットの鉛直載荷試験方法	整樘门耐垂直载荷试验方法
JIS A 1526	ドア用語	门 术语
JIS A 1529	ドアセットの静的荷重試験方法	整樘门静荷载试验方法
JIS A 1551	自動ドア開閉装置の試験方法	自动门启闭装置的试验方法

续表

标准号	日文标准名称	中文名称
JIS A 2191	高齢者・障害者配慮設計指針—住宅設計におけるドア及び窓の選定	考虑老人和残疾人的设计指南 住宅设计中的门和窗的选择
JIS A 4702	ドアセット	整樘门
JIS A 4722	歩行者用自動ドアセット一安全性	人行自动门安全要求

日本厨卫主要标准 **表 1-3**

标准号	日文标准名称	中文名称
JIS A 4416	住宅用浴室ユニット	住宅用整体浴室
JIS A 4417	住宅用便所ユニット	住宅用厕所单元
JIS A 4418	住宅用洗面所ユニット	住宅盥洗单元
JIS A 4419	浴室用防水パン	浴室用防水盘
JIS A 4401	洗面化粧ユニット類	盥洗化妆单元
JIS A 4410	住宅用複合サニタリーユニット	住宅用复合多功能单元
JIS A 0017	キッチン設備の寸法	厨房设备的模数

除此之外，涂料、木材、各类板材等不限定部位的室内装饰装修常用材料，如瓷砖等，其标准中不仅有各项性能指标，还有模数协调、应用场景的规定等（图 1-1、图 1-2），有专门的试验方法标准，如《涂料一般试验方法》（JIS K 5600《塗料一般試験方法》）系列，共有 7 部 40 余本标准；《瓷砖试验方法》（JIS A 1509《セラミックタイル試験方法》）为瓷砖类试验标准，共有 13 本，见表 1-4。

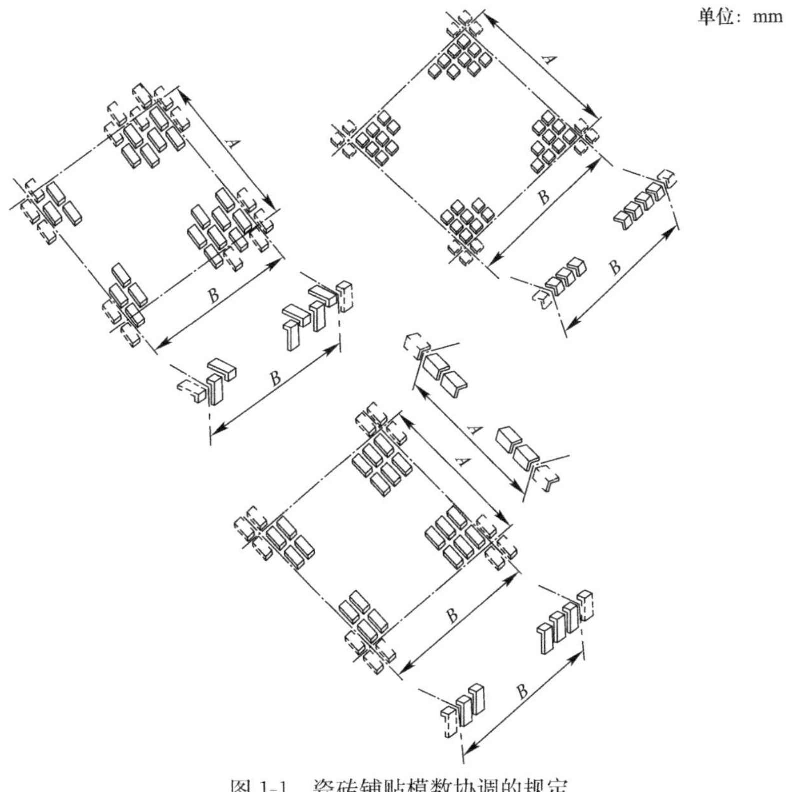

图 1-1 瓷砖铺贴模数协调的规定

图 1-2　瓷砖应用场景的标识规定

日本室内装饰装修常用材料主要标准　　**表 1-4**

标准号	日文标准名称	中文名称
JIS A 5209	セラミックタイル	陶瓷砖
JIS A 5548	セラミックタイル張り内装用有機系接着剤	内装修用陶瓷砖有机胶粘剂
JIS K 5500	塗料用語	涂料术语
JIS K 5962	家庭用木部金属部塗料	家用木器和金属涂料
JIS A 5741	木材・プラスチック再生複合材	木材、塑料再生复合材料
JIS A 5404	木質系セメント板	木质水泥板
JIS A 5414	パルプセメント板	纸浆水泥板
JIS A 5430	繊維強化セメント板	纤维增强水泥板
JIS A 5441	押出成形セメント板（ECP）	挤压成型水泥板（ECP）
JIS A 1437	建築用内装ボード類の耐湿性試験方法	建筑用内装板材的耐湿性试验方法
JIS A 5905	繊維板	纤维板
JIS H 4000	アルミニウム及びアルミニウム合金の板及び条	铝及铝合金板材

1.2.2　ISO 和欧美建筑室内装饰装修标准

欧美各国有长期的标准化历史，均形成了较完善的标准体系。如德国建筑技术法规在构成上包含了 3 个典型层次，法律、建筑法规和法规的执行指南，成立了德国标准化协会(DIN)；丹麦将建筑模数法制化，通过法制化的模数开发并实行以“产品目录设计”为中心的通用体系，国际标准化组织的 ISO 模数协调标准就是以丹麦标准为蓝本。

1958 年以来，欧盟及其前身不断深入推进其区域标准化建设，从协调成员国之间不同的技术标准、法规和合格评定程序，到在欧盟层次上进行技术标准化活动，再到逐步拓展区域标准至国际标准领域。欧盟标准化的深入发展，不仅便利了区域内贸易，而且推动了区域经济一体化进程。欧洲标准缩写为 EN，是由三个欧洲标准组织之一批准的技术标准：欧洲标准化委员会（CEN），欧洲电工标准化委员会（CENELEC）或欧洲电信标准协会（ETSI）。欧洲标准（EN）由 CEN 和 CENELEC 成员作为国家标准实施，因此被纳入 CEN 和 CENELEC 成员（34 个国家的国家标准化组织）的标准目录中。

1928 年，美国工程标准委员会改组为美国标准协会（ASA），致力于国际标准化事业和消费品方面的标准化。1966 年 8 月，又改组为美利坚合众国标准学会（USASI）。1969 年 10 月 6 日改成美国国家标准学会（ANSI）。美国国家标准学会系非营利性质的民间标准化团体，但它实际上已成为国家标准化中心。美国拥有良好的物质和技术基础，其住宅及装饰装修产业化和标准化是为高品质生活服务。室内设计标准化反映在住宅建造装饰装修所使用的所有构配件及部品大多实现了标准化、系列化。这一领域还涉及 ASTM（美国材料与试验协会，其英文全称为 American Society for Testing and Materials）标准、AAMA（美国建筑制造业协会，其英文全称为 American Architectural Manufacturers Association）标准等。

国际标准化组织（International Organization for Standardization，简称为 ISO）成立于 1947 年，是标准化领域中的一个国际组织，中国国家标准化管理委员会于 1978 年加入 ISO，在 2008 年 10 月的第 31 届国际化标准组织大会上，中国正式成为 ISO 的常任理事国。ISO 负责当今世界上多数领域的标准化活动，通过近三千个技术机构开展技术活动。

由于 ISO 标准以英语版本为主要版本，同时 EN 标准、ASTM 标准与很多 ISO 标准建立了采标、对应关系，因此《指南》主要针对室内装饰装修领域的 ISO 标准、EN 标准和 ASTM 标准一起进行讨论，见表 1-5～表 1-13。

涂料类标准 **表 1-5**

类型	标准号	英文标准名称	中文名称
ISO/EN	ISO 23169：2020（EN）	Paints and varnishes—On-site test methods on quality assessment for interior wall coatings	色漆和清漆　内墙涂层现场质量评定试验方法
ISO/EN	ISO 1514：2016（EN）	Paints and varnishes-Standard panels for testing	色漆和清漆　测试用标准面板
ISO/EN	ISO 15528：2020（EN）	Paints，varnishes and raw materials for paints and varnishes-Sampling	色漆、清漆和色漆和清漆用原材料　抽样

人造板类标准 **表 1-6**

类型	标准号	英文标准名称	中文名称
ISO/EN	ISO 18776：2008（EN）	Laminated veneer lumber（LVL）-Specifications	层压单板木材（LVL）标准
ISO/EN	ISO 8724：2009（EN）	Cork decorative panels-Specification	软木装饰面板规范
ISO/EN	ISO 13609：2021（EN）	Wood-based panels-Plywood-Blockboards and battenboards	人造板　胶合板　细木工板和板
ISO/EN	ISO 16893：2016（EN）	Wood-based panels-Particleboard	人造板　刨花板
ISO/EN	ISO 16895：2016（EN）	Wood-based panels-Dry-process fibreboard	人造板　干法纤维板
ISO/EN	ISO 27769：2016（EN）	Wood-based panels-Wet process fibreboard	人造板　湿法纤维板
ISO/EN	ISO 17064：2016（EN）	Wood-based panels-Fibreboard，particleboard and oriented strand board（OSB）-Vocabulary	人造板　纤维板、刨花板和定向刨花板（OSB）　词汇
ISO/EN	ISO 13894-2：2005（EN）	High-pressure decorative laminates-Composite elements-Part 2：Specifications for composite elements with wood-based substrates for interior use	高压装饰层压板复合构件　第 2 部分：室内用木质基材复合构件规范
ISO/EN	ISO 16894：2009（EN）	Wood-based panels-Oriented strand board（OSB）-Definitions，classification and specifications	人造板　定向刨花板（OSB）　定义、分类和规范

无机板、瓷砖和石材类标准 **表 1-7**

类型	标准号	英文标准名称	中文名称
ISO/EN	ISO 8336：2017（EN）	Fibre-cement flat sheets-Product specification and test methods	纤维水泥平板　产品规范和试验方法
ISO/EN	ISO 390：1993（EN）	Products in fibre-reinforced cement-Sampling and inspection	纤维增强水泥制品　抽样和检验
ISO/EN	ISO 13006：2018（EN）	Ceramic tiles-Definitions，classification，characteristics and marking	瓷砖　定义、分类、特性和标记
ASTM	ASTM C615：2003	Standard Specification for Granite Dimension Stone	花岗石尺寸的标准规范
DIN/EN	DIN EN 12407：2000	Natural Stone Test Methods-Petrographic Examination	天然石材试验方法　岩相分析

胶粘剂类标准 **表 1-8**

类型	标准号	英文标准名称	中文名称
ISO/EN	ISO 22631：2019（EN）	Adhesives-Test methods for adhesives for floor and wall coverings-Peel test	胶粘剂　地板和墙壁覆盖物胶粘剂的测试方法　剥离试验
ISO/EN	ISO 22632：2019（EN）	Adhesives-Test methods for adhesives for floor and wall coverings-Shear test	胶粘剂　地板和墙壁覆盖物胶粘剂的试验方法　剪切试验
ISO/EN	ISO 22633：2019（EN）	Adhesives-Test methods for adhesives for floor coverings and wall coverings-Determination of the dimensional changes of a linoleum floor covering in contact with an adhesive	胶粘剂　地板覆盖物和墙壁覆盖物用胶粘剂的测试方法　油毡地板覆盖物与胶粘剂接触时尺寸变化的测定
ISO/EN	ISO 22635：2019（EN）	Adhesives-Test methods for adhesives for plastic or rubber floor coverings or wall coverings-Determination of dimensional changes after accelerated ageing	胶粘剂　塑料或橡胶地板覆盖物或墙面覆盖物用胶粘剂的试验方法　加速老化后尺寸变化的测定
ISO/EN	ISO 22636：2020（EN）	Adhesives-Adhesives for floor coverings-Requirements for mechanical and electrical performance	胶粘剂　地板覆盖物用胶粘剂　机械和电气性能要求

玻璃类标准 **表 1-9**

类型	标准号	英文标准名称	中文名称
ISO/NE	ISO 12543-1：2011	Glass in building-Laminated glass and laminated safety glass-Part 1：Definitions and description of component parts	建筑玻璃　夹胶玻璃和夹胶安全玻璃　第 1 部分：组成部件的定义和描述
ISO/EN	ISO 12543-2：2021（EN）	Glass in building-Laminated glass and laminated safety glass-Part 2：Laminated safety glass	建筑玻璃　夹胶玻璃和夹胶安全玻璃　第 2 部分：夹胶安全玻璃
AS/NZS（澳大利亚/新西兰标准）	AS/NZS 2208：1996	Safety glazing materials in buildings	建筑安全玻璃材料
ASTM	ASTM B209（Revision 21A）	Standard Specification for Aluminum and Aluminum-Alloy Sheet and Plate	铝及铝合金板材
ISO/EN	ISO 28722：2008（EN）	Vitreous and porcelain enamels-Characteristics of enamel coatings applied to steel panels intended for architecture	用于建筑用钢板的搪瓷涂层的特性

续表

类型	标准号	英文标准名称	中文名称
AAMA	AAMA 2603：2021	Voluntary Specification，Performance Requirements and Test Procedures for Pigmented Organic Coatings on Aluminum Extrusions and Panels (with Coil Coating Appendix)	铝型材和铝板上着色有机涂层的自愿规范、性能要求和试验程序（含卷材涂层附录）
ISO/EN	ISO 18768-2：2022（EN）	Organic coatings on aluminium and its alloys-Methods for specifying decorative and protective organic coatings on aluminium-Part 2：Liquid coatings	铝及其合金上的有机涂层　铝上装饰性和保护性有机涂层的规定方法　第2部分：液体涂层
ISO	ISO 6361-1：2011	Wrought aluminium and aluminium alloys-Sheets，strips and plates-Part 1：Technical conditions for inspection and delivery	变形铝及铝合金薄板带厚板　第1部分：验收和交货的技术条件

地板标准　　**表1-10**

类型	标准号	英文标准名称	中文名称
ISO	ISO 10581：2011	Resilient floor coverings-Homogeneous poly (vinyl chloride) floor covering-Specifications	弹性地板覆盖物　均质聚氯乙烯地板覆盖物　规范
ASTM	ASTM D 7032：2021	Standard Specification for Establishing Performance Ratings for Wood-Plastic Composite and Plastic Lumber Deck Boards，Stair Treads，Guards，and Handrails	木塑复合材料和塑料木板、楼梯踏板、护栏和扶手的性能等级的标准规范
BS（英国）/EN	BS EN 12199：1998	Resilient Floor Coverings. Specifications For Homogeneous And Heterogeneous Relief Rubber Floor Coverings	均质和非均质凸面橡胶地板覆盖物规范

吊顶标准　　**表1-11**

类型	标准号	英文标准名称	中文名称
ISO/EN	ISO 834-9：2003（EN）	Fire-resistance tests-Elements of building construction-Part 9：Specific requirements for non-loadbearing ceiling elements	耐火试验　建筑构件　第9部分：非承重吊顶构件的特殊要求
EN	EN 13964	Suspended ceilings-Requirements and test methods	吊顶　要求和试验方法
ASTM	ASTM C635-00	Standard Specification for the Manufacture，Performance，and Testing of Metal Suspension Systems for Acoustical Tile and Lay-in Panel Ceilings	吸声吊顶金属悬吊系统的制造、性能和测试

厨房标准　　**表1-12**

类型	标准号	英文标准名称	中文名称
ISO/EN	ISO 3055：2021（EN）	Kitchen equipment-Coordinating sizes	厨房设备　协调尺寸
ISO/EN	ISO 6944-2：2009（EN）	Fire containment-Elements of building construction-Part 2：Kitchen extract ducts	防火建筑构件　第2部分：厨房通风管道

门窗标准　　**表1-13**

类型	标准号	英文标准名称	中文名称
EN	EN951	Door leaves-General and local flatness-easurement method	门扇高度、宽度、厚度和方度的测量方法
EN	EN952	Door leaves-Method for measurement of height，width，thickness and squareness	门扇一般和局部平整度　测量方法
ISO/EN	ISO 22496：2021（EN）	Windows and pedestrian doors-Vocabulary	窗户和行人门　词汇

续表

类型	标准号	英文标准名称	中文名称
ISO/EN	ISO 8270：2023（EN）	Windows and doors-Determination of the resistance to soft and heavy body impact for doors	门窗　门抗软体和重物冲击的测定
ISO/EN	ISO 6442：2005（EN）	Door leaves-General and local flatness-Measurement method	门扇　一般和局部平整度测量方法
ISO/EN	ISO 6443：2005（EN）	Door leaves-Method for measurement of height, width, thickness and squareness	门扇　高度、宽度、厚度和方度的测量方法
ISO/EN	ISO 6445：2005（EN）	Doors-Behaviour between two different climates-Test method	门　两种不同气候间的性能　试验方法
ISO/EN	ISO 8271：2005（EN）	Door leaves-Determination of the resistance to hard body impact	门扇　抗硬体冲击的测定
ISO/EN	ISO 8273：1985（EN）	Doors and doorsets-Standard atmospheres for testing the performance of doors and doorsets placed between different climates	门和门套　在不同气候条件下测试门和门套性能的标准
ISO/EN	ISO 8274：2005（EN）	Windows and doors-Resistance to repeated opening and closing-Test method	门窗　反复开启和关闭的阻力试验方法
ISO/EN	ISO 22496：2021（EN）	Windows and pedestrian doors-Vocabulary	窗和人行门　术语

值得一提的是，部分常用材料，欧美标准不仅对试验方法进行了详细规定，也规定了其施工方法：如ISO 10545 Ceramic tiles标准所对应的从1到20的测试标准，对抽样和验收基础、尺寸和表面质量、计算曲率半径用瓷砖挠度、吸水率、表观孔隙率、表观相对密度、体积密度、断裂模量和断裂强度、抗冲击性等性能的试验方法进行了详细规定；同时其他标准还规定了其辅料、施工方法，见表1-14。

瓷砖系列主要ISO和欧美标准　　**表1-14**

标准号	英文标准名称	中文名称
ISO 13006：2018（EN）	Ceramic tiles-Definitions, classification, characteristics and marking	瓷砖　定义、分类、特性和标记
ISO 13007-1：2014（EN）	Ceramic tiles-Grouts and adhesives-Part 1：Terms, definitions and specifications for adhesives	瓷砖　浆料和胶粘剂　第1部分：胶粘剂的术语、定义和规范
ISO 13007-2：2013（EN）	Ceramic tiles-Grouts and adhesives-Part 2：Test methods for adhesives	瓷砖　浆料和胶粘剂　第2部分：胶粘剂的试验方法
ISO 13007-3：2010（EN）	Ceramic tiles-Grouts and adhesives-Part 3：Terms, definitions and specifications for grouts	瓷砖　灌浆和胶粘剂　第3部分：灌浆的术语、定义和规范
ISO 13007-4：2013（EN）	Ceramic tiles-Grouts and adhesives-Part 4：Test methods for grouts	瓷砖　灌浆和胶粘剂　第4部分：灌浆的试验方法
ISO 17889-1：2021（EN）	Ceramic tiling systems-Sustainability for ceramic tiles and installation materials-Part 1：Specification for ceramic tiles	瓷砖系统　瓷砖和安装材料的可持续性　第1部分：瓷砖规范
ISO 17889-2：2023（EN）	Ceramic tiling systems-Sustainability for ceramic tiles and installation materials-Part 2：Specification for tile installation materials	瓷砖系统　瓷砖和安装材料的可持续性　第2部分：瓷砖安装材料规范
ISO/TR 17870-1：2015（EN）	Ceramic tiles-Guidelines for installation-Part 1：Installation of ceramic wall and floor tiles	瓷砖　安装指南　第1部分：陶瓷墙和地砖的安装

续表

标准号	英文标准名称	中文名称
ISO/TR 17870-2：2015（EN）	Ceramic tiles-Guidelines for installation-Part 2：Installation of thin ceramic wall and floor tiles and panels	瓷砖 安装指南 第2部分：薄陶瓷墙和地砖和面板的安装

1.2.3 国内建筑室内装饰装修标准

我国与装饰装修相关的产品标准，除了国家标准（GB）外，还有建筑工业行业标准（JG）和建筑材料行业标准（JC）等标准，且由多个标委会归口管理，围绕隔墙、墙面、楼地面、顶面、室内门窗、厨卫材料，按需编制了满足产品生产质量的控制标准。

在工程应用中，常用的隔墙产品类型主要有砌块类、条板类、龙骨类。其中，砌块类隔墙按材料分为蒸压加气混凝土砌块、石膏砌块、陶粒混凝土砌块；条板类隔墙按材料分为蒸压加气混凝土条板、石膏空心条板、水泥空心条板、发泡陶瓷板、发泡陶瓷复合条板、铝蜂窝条板；龙骨类隔墙按面板层数可以分为双面单层饰面轻钢龙骨隔墙、双面双层饰面轻钢龙骨隔墙、单面双层＋单面单层轻钢龙骨隔墙以及双面双层双排轻钢龙骨隔墙。

《建筑隔墙用轻质条板通用技术要求》JG/T 169—2016与《建筑用轻质隔墙条板》GB/T 23451—2023包含了空心条板、实心条板、复合条板等类型，按照材料分类的还有《蒸压加气混凝土砌块》GB/T 11968—2020、《蒸压泡沫混凝土砖和砌块》GB/T 29062—2012、《陶粒加气混凝土砌块》JG/T 504—2016、《石膏空心条板》JC/T 829—2010等。

对于龙骨类隔墙，由于需要在现场进行各类材料的组装，主要组成材料出厂分别执行相应的材料标准，如《建筑用轻钢龙骨》GB/T 11981—2008、《纸面石膏板》GB/T 9775—2008。

《指南》在第2章针对应用场景和设计师关心的性能指标，对产品标准进行了梳理，主要涉及的执行标准见《指南》第2.2节及附录B。在《指南》第3章、第4章、第5章按照使用场景、性能需求进行了梳理，主要涉及的执行标准见《指南》第3.2节、第4.2节、第5.2节以及附录C、附录D、附录E。

室内门窗在装饰装修设计中体量虽然较小，但种类多，且涉及和墙面的搭配组合，是重要的室内装饰装修元素。对于民用建筑采用的室内门窗，其通用指标可根据《建筑幕墙、门窗通用技术条件》GB/T 31433—2015提出相关要求，其他依据《木门分类和通用技术要求》GB/T 35379—2017、《木门窗》GB/T 29498—2013、《铝合金门窗》GB/T 8478—2020、《建筑用塑料门窗》GB/T 28886—2023、《建筑用钢木室内门》JG/T 392—2012等专用标准，详见《指南》第6.2节及附录F。

厨房和卫生间是建筑中较为特殊的功能空间，因此其产品选型的要求也和其他部分不同，除了装饰效果和对于墙面、楼地面、顶面的一般要求外，厨卫的防水要求高、管线集中，厨房还有较高的防火要求。《指南》梳理了厨卫各部分的常用要求和执行标准，同时对整体卫浴、整体厨房两类较为特殊的产品主要性能指标进行了梳理，各部分的执行标准详见《指南》第7.2节及附录G、附录H。

2 隔墙

隔墙不仅分隔空间，而且还具有装饰功能。通过梳理现行工程标准，结合对室内设计师调研得出，在隔墙设计中主要考虑隔墙材料的防火、隔声、厚度与密度、吊挂力、拉拔力、耐撞击、耐水耐潮等性能。而对于吊挂力、拉拔力、耐撞击、耐水耐潮等，目前在产品标准中尚缺少统一的设计要求和指标。

在本章2.1设计要点中，针对隔墙产品，整理了主要执行及参考的工程标准，同时对隔墙设计中需要关注的功能和性能，如防火性能、隔声性能、厚度与密度、吊挂力、拉拔力、耐撞击、耐水耐潮等进行了阐述；在本章2.2产品选型及相关标准中，将隔墙产品按照材料种类分成了三大类，分别是砌块类隔墙、条板类隔墙和龙骨类隔墙，并对这些产品主要执行的产品标准进行了梳理，选取关键性指标，供设计师在选型中参照使用；在本章2.3典型做法及相关标准中，按照常用的做法梳理各类产品的常用主材、辅材执行标准，方便设计师在选型和产品要求中查阅、提出相关的标准要求。

玻璃隔断不作为《指南》的研究对象。

使用本章时的顺序和方法：

1）选择需要关注的功能和性能——参考2.1；

2）根据选定的功能和性能选择匹配的产品——参考表2-5；

3）查看具体的产品性能及执行标准——参考2.2；

4）根据选择的做法查看相关的标准体系——参考2.3。

2.1 设计要点

隔墙设计执行及参考的工程标准主要有：

《建筑环境通用规范》GB 55016—2021

《建筑防火通用规范》GB 55037—2022

《民用建筑隔声设计规范》GB 50118—2010

《建筑设计防火规范》GB 50016—2014（2018年版）

《建筑内部装修设计防火规范》GB 50222—2017

《建筑轻质条板隔墙技术规程》JGJ/T 157—2014

《石膏砌块砌体技术规程》JGJ/T 201—2010

《蒸压加气混凝土制品应用技术标准》JGJ/T 17—2020

《建筑装饰装修工程质量验收标准》GB 50210—2018

2.1.1 防火性能

一旦发生火灾，如何在火和烟雾的威胁中将人员尽快疏散到安全场所，是建筑师、室内设计师以及消防监督部门共同思考和关注的问题。隔墙划分室内空间，在建筑消防设计中具有特殊意义。《建筑防火通用规范》GB 55037—2022 和《建筑设计防火规范》GB 50016—2014（2018 年版）规定了不同建筑物和使用部位的隔墙耐火极限要求，特殊建筑空间还需要具有一定耐火极限和挡烟作用的防火隔墙分隔室内避难区域或房间；《建筑内部装修设计防火规范》GB 50222—2017、《建筑防火通用规范》GB 55037—2022 对不同建筑物室内隔墙耐火极限的规定，如表 2-1 所示。

不同建筑物室内隔墙耐火极限　　表 2-1

隔墙使用部位	耐火极限（h）
住宅建筑中的汽车库和锅炉房*	2
除居住建筑中的套内自用厨房外，建筑内的厨房*	2
医疗建筑内的手术室或手术部、产房、重症监护室、贵重精密医疗装备用房、储藏间、实验室、胶片室等*	2
建筑中的儿童活动场所、老年人照料设施*	2
附设在建筑内的可燃油油浸变压器、充有可燃油的高压电容器和多油开关等的设备用房*	2
附设在建筑内的消防控制室、消防水泵房*	2
除汽车库的疏散口出口外，住宅部分与非住宅部分之间*	2
住宅与商业设施合建的商业设施中每个独立单元之间*	2
医疗建筑内相邻护理单元之间*	2
歌舞娱乐放映游艺场所的房间之间*	2
地铁车站控制室（含防灾报警设备室）、车辆基地控制室（含防灾报警设备室）、环控电控室、站台门控制室、变电站、配电室、通信及信号机房、固定灭火装置设备室、消防水泵房、废水泵房、通风机房、蓄电池室、车站和车辆基地内火灾时需继续运行的其他房间*	2
地铁车辆基地建筑*	3
交通隧道内的变电站、管廊、专用疏散通道、通风机房及其他辅助用房*	2
建筑的地下或地下室、平时使用的人民防空工程、其他地下工程的地下楼的疏散楼梯间与地上楼层的疏散楼梯间，应在直通室外地面的楼层采用无开口的防火隔墙*	2
避难层设备管道区与避难区及其他公共区之间*	3
避难层管道井和设备间与避难区及其他公共区之间*	2
避难间与其他部位之间*	2
剧场等建筑的舞台与观众厅之间	3
舞台上部与观众厅闷顶之间	1.5
电影放映室、卷片室与其他部位之间	1.5
舞台下部的灯光操作室和可燃物储藏室	2
民用建筑内的附属库房，剧场后台的辅助用房	2
除居住建筑中套内的厨房外，宿舍、公寓建筑中的公共厨房和其他建筑内的厨房	2
附设在住宅建筑内的机动车库	2

注：* 条文来自《建筑防火通用规范》GB 55037—2022，为强制性条文；其他条文来自《建筑设计防火规范》GB 50016—2014（2018 年版）。

2.1.2 隔声性能

作为评价隔墙物理性能的重要指标之一，隔墙的隔声性能直接影响办公和居住质量。《建筑环境通用规范》GB 55016—2021 规定了主要功能房间的噪声限值，如表 2-2 所示；《民用建筑隔声设计规范》GB 50118—2010 规定了不同类型建筑物隔墙的空气声隔声性能要求，如表 2-3 所示。

主要功能房间室内的噪声限值　　表 2-2

房间的使用功能	噪声限值（等效声级 $L_{Aeq,T}$，dB）	
	昼间	夜间
睡眠	40	30

续表

房间的使用功能	噪声限值（等效声级 $L_{\mathrm{Aeq,T}}$，dB）	
	昼间	夜间
日常生活	40	
阅读、自学、思考	35	
教学、医疗、办公、会议	40	

注：1. 当建筑位于2类、3类、4类声环境功能区时，噪声限值可放宽5dB；

2. 夜间噪声限值应为夜间8h连续测得的等效声级 $L_{\mathrm{Aeq,8h}}$；

3. 当1h等效声级 $L_{\mathrm{Aeq,T}}$ 能代表整个时段噪声水平时，测量时段可为1h。

不同类型建筑物室内隔墙之间的空气声隔声性能　　表 2-3

建筑类型	位置	空气声隔声单值评价量＋频谱修正量（dB）
住宅建筑	住宅分户墙	＞45
	高要求住宅分户墙	＞50
	卧室、起居室（厅）与邻户房间之间	≥45
	高要求住宅卧室、起居室（厅）与邻户房间之间	≥50
	高要求住宅相邻两户的卫生间之间	≥45
	户内卧室墙	≥35
	户内其他分室墙	≥30
学校建筑	语言教室、阅览室与相邻房间之间	≥50
	普通教室与各种产生噪声的房间之间	≥50
	普通教室之间	≥45
	音乐教室、琴房之间	≥45
医院建筑	病房与产生噪声的房间之间	高要求≥55 低限要求≥50
	手术室与产生噪声的房间之间	高要求≥50 低限要求≥45
	病房之间及手术室、病房与普通房间之间	高要求≥50 低限要求≥45
	诊室之间	高要求≥45 低限要求≥40
	听力测听室与毗邻房间之间	低限要求≥50
	体外震波碎石室、核磁共振室与毗邻房间之间	低限要求≥50
旅馆建筑	客房之间	特级≥50 一级≥45 二级≥40
	走廊与客房之间	特级≥40 一级≥40 二级≥35
办公建筑	办公室、会议室与产生噪声的房间之间	高要求≥50 低限要求≥45
	办公室、会议室与普通房间之间	高要求≥50 低限要求≥45
商业建筑	建设中心、娱乐场所等与噪声敏感房间之间	高要求≥60 低限要求≥55
	购物中心、餐厅、会展中心等与噪声敏感房间之间	高要求≥50 低限要求≥45

2.1.3　厚度与密度

隔墙的厚度与密度是影响室内隔声的重要因素，同时还与建筑结构荷载关系较大，是设计选型的重要指标。由于材料特征的差异性，不同材料的密度以不同的指标进行表述，如：《蒸压加气混凝土砌块》GB/T 11968—2020 和《蒸压加气混凝土板》GB/T 15762—2020 是干密度；《石膏砌块》JC/T 698—2010 是表观密度；《建筑隔墙用轻质条板通用技术要求》JG/T 169—2016 和《建筑用轻质隔墙条板》GB/T 23451—2023 则是采用面密度。

2.1.4 吊挂力

吊挂力是指建筑材料在负重情况下的承受力，常用于表达建筑材料吊挂重物的重量。虽然目前针对砌块类、条板类和龙骨类隔墙的吊挂力已有部分产品标准进行规定，但仅规定了最低要求或最高要求，并未针对不同类型隔墙给出某一范围值。如：《陶粒加气混凝土砌块》JG/T 504—2016 规定了 B05、B06、B07、B08 不同干密度级别砌块隔墙的单点吊挂力最低要求分别为≥800N、≥900N、≥1000N、≥1100N；《建筑隔墙用轻质条板通用技术要求》JG/T 169—2016、《建筑用轻质隔墙条板》GB/T 23451—2023 规定了条板类隔墙吊挂力最低要求≥1000N；《可拆装式隔断墙技术要求》JG/T 487—2016 规定了龙骨类隔墙吊挂力的最高要求≤100N 垂直荷载和 250N 水平荷载。此外，在查阅资料过程，仅发现在国家标准设计图集《内隔墙建筑构造》J111～J114（2012 年合订本）中对纸面石膏板轻钢龙骨隔墙吊挂重物构造做法进行示意，如表 2-4 所示，尚未规定不同类型隔墙吊挂形式的吊挂重量。

纸面石膏板龙骨隔墙不同吊挂形式的承载重量 　　表 2-4

构造简图	吊挂形式	吊挂重量（kg）	构造简图	吊挂形式	吊挂重量（kg）
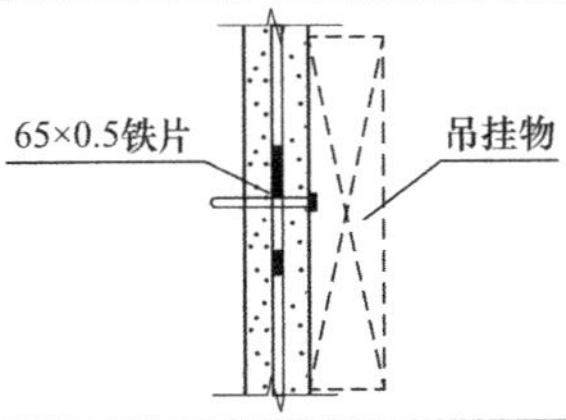 65×0.5铁片 吊挂物	自攻钉吊挂	≤5	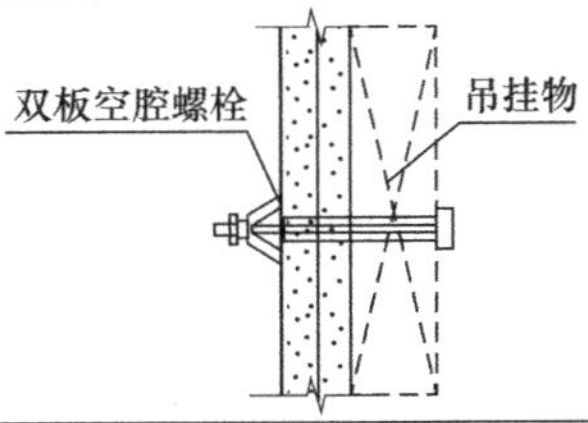 双板空腔螺栓 吊挂物	空腔螺栓吊挂	15～25
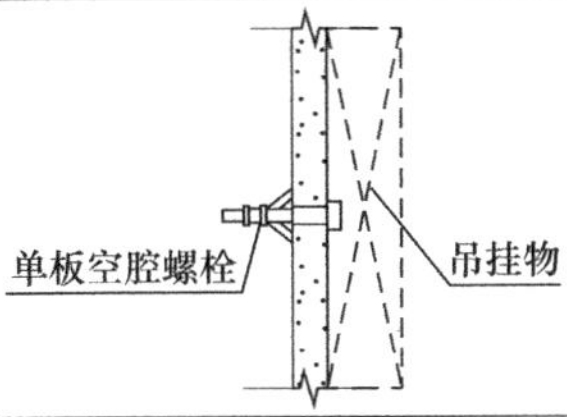 单板空腔螺栓 吊挂物	空腔螺栓吊挂	≤5	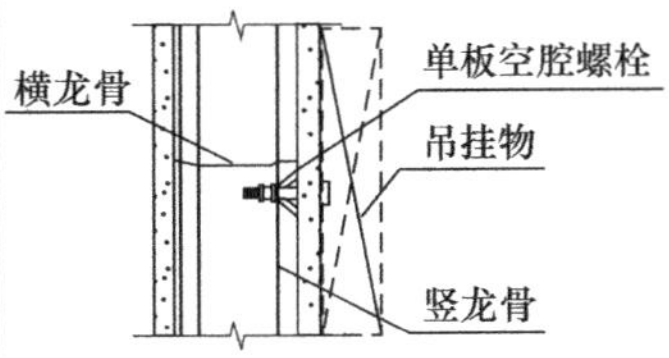 横龙骨 单板空腔螺栓 吊挂物 竖龙骨	横龙骨处螺栓吊挂	25～35
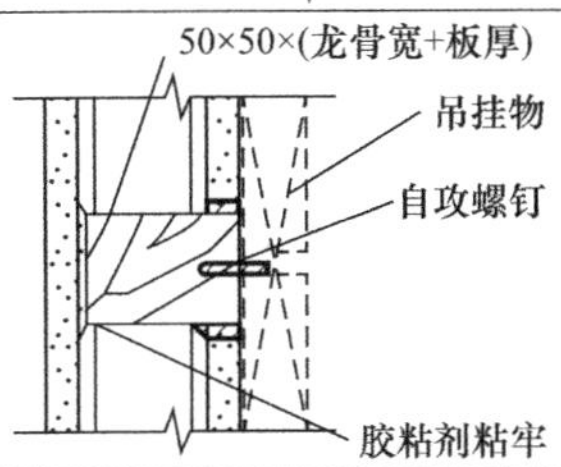 50×50×(龙骨宽+板厚) 吊挂物 自攻螺钉 胶粘剂粘牢	粘结 50×50 木块自攻钉吊挂	15～25	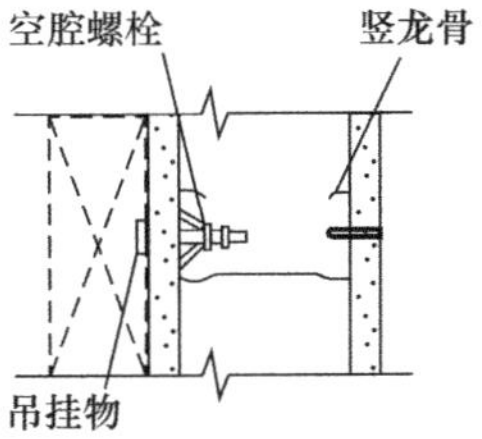 空腔螺栓 竖龙骨 吊挂物	竖龙骨处螺栓吊挂	25～35
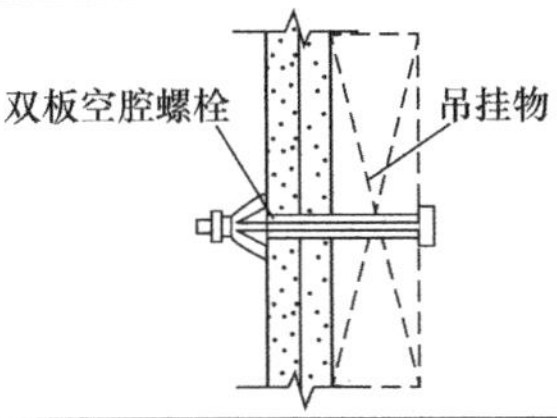 双板空腔螺栓 吊挂物	空腔螺栓吊挂	15～25	—	—	—

2.1.5 拉拔力

拉拔力作为隔墙设计目标的影响要素之一，是指物体抵抗其后置的膨胀螺栓被拉拔的能力，也表征为抗拔力、握螺钉力等。

目前仅在《蒸压泡沫混凝土砖和砌块》GB/T 29062—2012 和《陶粒加气混凝土砌块》JG/T 504—2016 中对混凝土砌块隔墙的拉拔力和抗拔力进行要求，针对条板类隔墙的拉拔力、握螺钉力尚未有标准进行规定。

2.1.6 耐撞击

在现代建筑设计和建造中，隔墙的耐撞击已成为隔墙设计的重要指标之一，常表征为抗冲击性能，可以直接反映隔墙的质量和稳定性，对保障隔墙的安全和可靠性具有重要意义。目前部分产品标准规定了条板类和龙骨类隔墙的抗冲击性能要求，但是除了《石膏砌块》JC/T 698—2010 外，尚未有标准对砌块类隔墙的抗冲击性进行要求。

《可拆装式隔断墙技术要求》JG/T 487—2016 将龙骨类隔墙的抗冲击性能按居住建筑（代号Ⅰ）、公共建筑（代号Ⅱ）和人流密集建筑场所（代号Ⅲ）进行要求，具体见表 2-14。而条板类和砌筑类隔墙尚未有产品标准进行相关规定。

2.1.7 耐水耐潮

隔墙长期处于潮湿的环境时容易发生形变从而产生裂缝，因此，隔墙的耐水耐潮也是影响设计选型的要素之一。吸水率、体积吸水率、软化系数和抗渗性是耐水耐潮性能的重要表征。

由于材料的差异性，不同材料的耐水耐潮性能以不同的指标进行表述，如：《建筑隔墙用轻质条板通用技术要求》JG/T 169—2016 和《建筑用轻质隔墙条板》GB/T 23451—2023 采用软化系数和吸水率（吸水率仅针对防潮石膏条板）；《蒸压泡沫混凝土砖和砌块》GB/T 29062—2012 表述为吸水率；《陶粒加气混凝土砌块》JG/T 504—2016 表述为抗渗性、体积吸水率和软化系数；《石膏砌块》JC/T 698—2010 则是采用软化系数，软化系数值越大，耐水耐潮性能越好。

2.2 产品选型及相关标准

砌块类隔墙按材料分为蒸压加气混凝土砌块、石膏砌块、陶粒混凝土砌块；条板类隔墙按材料分为蒸压加气混凝土条板、石膏空心条板、水泥空心条板、发泡陶瓷板、发泡陶瓷复合条板、聚苯颗粒水泥复合条板、铝蜂窝条板；龙骨类隔墙最常见的形式为纸面石膏板龙骨隔墙。《指南》主要针对上述隔墙产品进行梳理和研究。

根据本章第 2.1 节对产品标准进行的梳理，将相关性能分类整理到表 2-5 中，供设计师查阅使用。

2.2.1 砌块类隔墙

（1）《蒸压加气混凝土砌块》GB/T 11968—2020

标准适用范围：适用于民用与工业建筑中使用的蒸压加气混凝土砌块。

表 2-5

隔墙选型因素与性能指标对照

隔墙类型		防火	密度	吊挂力	拉拔力	耐撞击	耐水耐潮	产品标准
砌块	蒸压加气混凝土砌块	暂无	干密度	暂无	暂无	暂无	暂无	《蒸压加气混凝土砌块》GB/T 11968—2020
	蒸压泡沫混凝土砌块	耐火极限	干密度	暂无	拉拔力	暂无	吸水率	《蒸压泡沫混凝土砖和砌块》GB/T 29062—2012
	陶粒加气混凝土砌块	暂无	干密度	单点吊挂力	拉拔力	暂无	吸水性	《陶粒加气混凝土砌块》JG/T 504—2016
	陶粒发泡混凝土砌块	暂无	体积密度	暂无	暂无	暂无	体积吸水率、软化系数、抗渗性	《陶粒发泡混凝土砌块》GB/T 36534—2018
	石膏砌块	暂无	表观密度	暂无	暂无	暂无	软化系数	《石膏砌块》JC/T 698—2010
条板	蒸压加气混凝土条板	耐火极限	面密度	吊挂力	暂无	抗冲击性能：软体冲击	软化系数	《混凝土轻质条板》JG/T 350—2011 《建筑隔墙用轻质条板通用技术要求》JG/T 169—2016 《建筑用轻质隔墙条板》GB/T 23451—2023
	混凝土轻质条板	耐火极限	面密度	吊挂力	暂无	抗冲击性能：软体冲击	软化系数	《混凝土轻质条板》JG/T 350—2011 《建筑隔墙用轻质条板通用技术要求》JG/T 169—2016 《建筑用轻质隔墙条板》GB/T 23451—2023
	水泥条板	耐火极限	面密度	吊挂力	暂无	抗冲击性能：软体冲击	软化系数	《建筑隔墙用轻质条板通用技术要求》JG/T 169—2016 《建筑用轻质隔墙条板》GB/T 23451—2023
	石膏空心条板	耐火极限	面密度	吊挂力	暂无	抗冲击性能：软体冲击	软化系数、吸水率	《石膏空心条板》JC/T 829—2010 《建筑隔墙用轻质条板通用技术要求》JG/T 169—2016 《建筑用轻质隔墙条板》GB/T 23451—2023
	发泡陶瓷条板	耐火极限	面密度	吊挂力	暂无	抗冲击性能：软体冲击	软化系数	《建筑用轻质隔墙条板》GB/T 23451—2023
	发泡陶瓷复合条板	耐火极限	面密度	吊挂力	暂无	抗冲击性能：软体冲击	软化系数	《建筑用轻质隔墙条板》GB/T 23451—2023
	聚苯颗粒水泥复合条板	耐火极限	面密度	吊挂力	暂无	抗冲击性能：软体冲击	软化系数	《建筑隔墙用轻质条板通用技术要求》JG/T 169—2016 《建筑用轻质隔墙条板》GB/T 23451—2023
	铝蜂窝条板	耐火极限	面密度	吊挂力	暂无	抗冲击性能：软体冲击	软化系数	《建筑隔墙用轻质条板通用技术要求》JG/T 169—2016 《建筑用轻质隔墙条板》GB/T 23451—2023
龙骨隔墙	纸面石膏板龙骨隔墙	耐火极限	面密度	饰物吊挂	暂无	抗冲击性能：软体冲击、硬体冲击	暂无	《可拆装式隔断墙技术要求》JG/T 487—2016 《轻钢龙骨式复合墙体》JG/T 544—2018

主要性能指标：见表2-6。

蒸压加气混凝土砌块主要性能指标　　表2-6

项目	性能指标（干密度级别）		
	B05	B06	B07
干密度（kg/m^3）	≤550	≤650	≤750

（2）《蒸压泡沫混凝土砖和砌块》GB/T 29062—2012

标准适用范围：适用于工业与民用建筑、构筑物非承重部位的蒸压泡沫混凝土砌块。

主要性能指标：见表2-7。

蒸压泡沫混凝土砌块主要性能指标　　表2-7

项目	性能指标（干密度等级）		
	B11	B12	B13
干密度（kg/m^3）	≤1150	>1150，≤1250	>1250，≤1350
吸水率（%）	≤25	≤20	≤15
拉拔力（平均值）（kN）	≥1.00	≥1.10	≥1.20
耐火极限（h）	≥4		

（3）《陶粒加气混凝土砌块》JG/T 504—2016

标准适用范围：适用于工业与民用建筑物墙体和保温隔热用的陶粒发泡混凝土砌块。

主要性能指标：见表2-8。

陶粒加气混凝土砌块主要性能指标　　表2-8

项目		性能指标（干密度级别）			
		B05	B06	B07	B08
干密度（kg/m^3）	优等品（A）	≤525	≤625	≤725	—
	合格品（B）	≤550	≤650	≤750	≤850
吸水性（%）		≤45	≤40	≤35	≤30
抗拔力	平均值（kN）	≥2.0	≥2.5	≥3.0	≥3.5
	单块最小值（kN）	≥1.7	≥2.1	≥2.5	≥2.9
单点吊挂力（N）		≥800	≥900	≥1000	≥1100

（4）《陶粒发泡混凝土砌块》GB/T 36534—2018

标准适用范围：适用于工业与民用建筑物隔墙和保温隔热用的陶粒发泡混凝土砌块。

主要性能指标：见表2-9。

陶粒发泡混凝土砌块主要性能指标　　表2-9

项目		性能指标（强度等级）			
		MU2.5	MU3.5	MU5.0	MU7.5
体积密度（kg/m^3）		≤650	≤750	≤850	≤950
体积吸水率（%）		≤25			
软化系数		≥0.85			
抗渗性	每一块水面下降高度（mm）	≤4.0	≤3.5	≤3.0	≤2.5

体积吸水率、软化系数和抗渗性均为耐水耐潮的表征指标。其中，体积吸水率是指试件达到饱水状态时，所吸收水分体积占干燥状态时试件体积的百分比；抗渗性是指材料抵抗水流渗透的性能；抗渗性试验按《混凝土砌块和砖试验方法》GB/T 4111—2013 执行。

(5)《石膏砌块》JC/T 698—2010

标准适用范围：适用于建筑物中非承重内隔墙用的石膏砌块。

主要性能指标：实心石膏砌块表观密度≤1100kg/m^3，空心石膏砌块表观密度≤800kg/m^3；软化系数≥0.6。

2.2.2 条板类隔墙

(1)《建筑隔墙用轻质条板通用技术要求》JG/T 169—2016

标准适用范围：适用于一般工业与民用建筑非承重隔墙轻质条板的生产与检验。

主要性能指标：见表 2-10。

建筑隔墙用轻质条板主要性能指标　　表 2-10

项目		性能指标（板厚）				
		90（100）mm	120mm	150（160）mm	180mm	210mm
抗冲击性能		≥5				
软化系数*		≥0.80				
面密度（kg/m^2）	水泥、石膏条板	≤90	≤110	≤130	—	—
	混凝土条板	≤110	≤140	≤160	≤180	≤190
	复合条板	≤90	≤110	≤130	≤150	≤160
吊挂力（N）		≥1000				
空气声隔声量（dB）		≥35	≥40	≥45	≥50	
耐火极限（h）		≥1		≥2		

注：* 防水石膏条板的软化系数应为≥0.60，夹心层为发泡石膏及纸蜂窝材料的条板，可不检测软化系数。

(2)《建筑用轻质隔墙条板》GB/T 23451—2023

标准适用范围：适用于工业与民用建筑的非承重内隔墙用轻质条板。

主要性能指标：见表 2-11。

建筑用轻质隔墙条板主要性能指标　　表 2-11

项目			性能指标（板厚）				
			90（100）mm	120mm	150mm	180mm	200mm
面密度（kg/m^2）	混凝土条板		≤110（120）	≤140	≤160	≤180	≤220
	水泥条板、石膏条板		≤90	≤110	≤130	—	≤180
	发泡陶瓷条板		≤60	≤75	—		
	复合条板	聚苯颗粒水泥复合条板	≤90	≤110	≤130	≤150	≤160
		铝蜂窝条板、纸蜂窝条板	≤40	—	≤60	—	≤80
		发泡陶瓷复合条板	—		≤120	≤145	≤160
		密肋玻纤水泥复合条板	≤50	≤55	≤65	≤75	—

续表

项目	性能指标（板厚）				
	90（100）mm	120mm	150mm	180mm	200mm
抗冲击性能（次）	经5次抗冲击试验后，板面无裂纹				
吊挂力（N）	≥1000				
空气声计权隔声量（dB）	≥35	≥40	≥45	≥48	
耐火极限（h）	≥1.0		≥2.0		
软化系数	≥0.80				
防潮石膏条板2h吸水率（%）	≤5.0				

（3）《蒸压加气混凝土板》GB/T 15762—2020

标准适用范围：适用于民用与工业建筑物中使用的蒸压加气混凝土隔墙板。

（4）《混凝土轻质条板》JG/T 350—2011

标准适用范围：适用于预制混凝土轻质条板，包括灰渣混凝土条板、天然轻集料混凝土条板、人造轻集料混凝土条板。适用于一般民用与工业建筑的非承重隔墙。

主要性能指标：见表2-12。

混凝土轻质条板主要性能指标　　表2-12

项目	性能指标（板厚）			
	90mm	120mm	150mm	180mm
软化系数	≥0.80			
面密度（kg/m²）	≤110	≤140	≤160	≤190
单点吊挂力（N）	≥1200			
抗冲击性能（次）	≥5			
空气声计权隔声量（dB）	≥40	≥40	≥45	≥45
耐火极限（h）	≥1.0		≥2.0	

（5）《石膏空心条板》JC/T 829—2010

标准适用范围：适用于建筑物中非承重墙内隔墙用的石膏空心条板。

主要性能指标：见表2-13。

石膏空心条板主要性能指标　　表2-13

项目	性能指标（板厚）	
	90mm	120mm
面密度（kg/m²）	≤60	≤75
抗冲击性能（次）	≥5	
单点吊挂力（N）	≥1000	

2.2.3 龙骨类隔墙

（1）《可拆装式隔断墙技术要求》JG/T 487—2016

标准适用范围：适用于建筑用非承重轻钢龙骨式复合隔断墙。在室内装饰装修中可参照使用。

主要性能指标：见表2-14。

可拆装式隔断墙主要性能指标　　表 2-14

项目					性能指标
软体冲击	非面砖饰面	结构性破坏试验	Ⅰ	100N·m，1次	无结构性破坏
			Ⅱ	200N·m，1次	
			Ⅲ	300N·m，1次	
		功能性破坏试验	Ⅰ	60N·m，3次	无功能性破坏，最大残余变形≤5mm，启闭无异常
			Ⅱ	120N·m，3次	
			Ⅲ		
	面砖饰面	120N·m，3次			最大残余变形≤2mm；无结构性破坏
		240N·m，1次			经3次120N·m和1次240N·m冲击后，无结构性破坏
硬体冲击		结构性破坏试验	Ⅰ～Ⅲ	10N·m在10个点	无结构性破坏
		功能性破坏试验	Ⅰ	2.5N·m，1次	报告缺口半径 无功能性破坏
			Ⅱ	2.5N·m，1次	
			Ⅲ	6N·m，1次	
吊挂力		当承受≤100N垂直荷载和250N水平荷载时			无脱落和无功能性破坏
设施荷载		结构性破坏试验	A类	1000N，24h	无结构性破坏
			B类	2000N，24h	
		功能性破坏试验	A类	500N	最大变形≤（1/500）H（隔断高度）且≤5mm无功能性破坏
			B类	1000N	

设施荷载也是隔墙吊挂力的表征之一。试验时分二级施加荷载：第一级施加设计荷载值的50%，静置5min；第二级再施加设计荷载值的50%，静置24h。观察吊挂区域周围有无宽度超过0.5mm以上的裂缝，隔断墙是否出现结构性破坏或功能性破坏。

（2）《轻钢龙骨式复合墙体》JG/T 544—2018

标准适用范围：适用于建筑用承重及非承重轻钢龙骨式复合墙体。

主要性能指标：外观质量、尺寸允许偏差、抗冲击性能、耐火极限，其中抗冲击性参照《可拆装式隔断墙技术要求》JG/T 487—2016。

2.3　典型做法及相关标准

砌块、条板隔墙的使用功能与工程做法和工程质量关系较大，表2-15中砌块、条板隔墙的工程应用技术规程/标准供实施参考和质量验收。目前龙骨类隔墙工程标准暂时缺失，可参考国家标准图集《内隔墙建筑构造》J111～J114，适用于新建、改建、扩建的工业与民用建筑的非承重内隔墙、隔断。

蒸压加气混凝土、石膏砌块、轻质条板的应用标准　　表 2-15

标准名称	标准适用范围
《蒸压加气混凝土制品应用技术标准》JGJ/T 17—2020	适用于抗震设防烈度不大于9度的自承重蒸压加气混凝土砌块墙体的设计、施工及质量验收
《石膏砌块砌体技术规程》JGJ/T 201—2010	适用于抗震设防烈度为8度及8度以下地区的工业与民用建筑中采用石膏砌块砌筑的室内非承重墙体的构造设计、施工及质量验收
《建筑轻质条板隔墙技术规程》JGJ/T 157—2014	适用于抗震设防烈度为8度及8度以下地区及非抗震设防地区，以轻质条板作为民用建筑和一般工业建筑的非承重隔墙工程的设计、施工及验收

表2-16总结了常用隔墙类型的主材、辅材执行标准和典型做法，供设计师和相关人员参考。

隔墙主材、辅材常用执行标准和典型做法 表 2-16

类型	主材	辅材	典型做法
蒸压加气混凝土砌块	《蒸压加气混凝土砌块》GB/T 11968—2020	《蒸压加气混凝土墙体专用砂浆》JC/T 890—2017 《预拌砂浆》GB/T 25181—2019	瓷砖类面层（见工程设计）； 粘结层； 专用抹灰砂浆打底找平（挂网）； 专用材料修补墙面、拉毛； 蒸压加气混凝土砌块墙体
		《蒸压加气混凝土墙体专用砂浆》JC/T 890—2017 《抹灰石膏》GB/T 28627—2023 《建筑室内用腻子》JG/T 298—2010	涂饰类面层（见工程设计）； 腻子； 专用抹灰石膏打底找平； 专用材料修补墙面、拉毛； 蒸压加气混凝土砌块墙体
蒸压泡沫混凝土砌块	《蒸压泡沫混凝土砖和砌块》GB/T 29062—2012	《预拌砂浆》GB/T 25181—2019	瓷砖类面层（见工程设计）； 粘结层； 抹灰砂浆打底找平、拉毛； 蒸压泡沫混凝土砌块墙体
		《抹灰石膏》GB/T 28627—2023 《建筑室内用腻子》JG/T 298—2010	涂饰类面层（见工程设计）； 腻子找平； 抹灰石膏打底找平； 专用材料修补墙面、拉毛； 蒸压泡沫混凝土砌块墙体
陶粒加气混凝土砌块	《陶粒加气混凝土砌块》JG/T 504—2016	《预拌砂浆》GB/T 25181—2019	瓷砖类面层（见工程设计）； 粘结层； 专用抹灰砂浆打底找平（挂网）； 专用材料修补墙面、拉毛； 陶粒加气混凝土砌块墙体
		《抹灰石膏》GB/T 28627—2023 《建筑室内用腻子》JG/T 298—2010	涂饰类面层（见工程设计）； 腻子； 专用抹灰石膏打底找平； 专用材料修补墙面、拉毛； 陶粒加气混凝土砌块墙体

续表

类型	主材	辅材	典型做法
陶粒发泡混凝土砌块	《陶粒发泡混凝土砌块》GB/T 36534—2018	《预拌砂浆》GB/T 25181—2019	瓷砖类面层（见工程设计）； 粘结层； 抹灰砂浆打底找平、拉毛； 蒸压泡沫混凝土砌块墙体
		《抹灰石膏》GB/T 28627—2023 《建筑室内用腻子》JG/T 298—2010	涂饰类面层（见工程设计）； 腻子； 抹灰石膏打底找平； 专用材料修补墙面、拉毛； 陶粒发泡混凝土砌块墙体
石膏砌块	《石膏砌块》JC/T 698—2010	《石膏腻子》JC/T 2514—2019 《预拌砂浆》GB/T 25181—2019	瓷砖类面层（见工程设计）； 粘结层； 抹灰砂浆打底找平、拉平； 满铺网格布或满铺钢丝网； 石膏砌块墙体（粘结石膏砌缝填实抹平）
		《石膏腻子》JC/T 2514—2019 《抹灰石膏》GB/T 28627—2023 《建筑室内用腻子》JG/T 298—2010	涂饰类面层（见工程设计）； 腻子； 抹灰石膏打底找平、拉毛； 石膏砌块墙体（粘结石膏砌缝填实抹平）
蒸压加气混凝土板	《蒸压加气混凝土板》GB/T 15762—2020 《建筑用轻质隔墙条板》GB/T 23451—2023 《建筑隔墙用轻质条板通用技术要求》JG/T 169—2016	《蒸压加气混凝土墙体专用砂浆》JC/T 890—2017 《预拌砂浆》GB/T 25181—2019	瓷砖类面层（见工程设计）； 粘结层； 专用抹灰砂浆打底找平（挂网）； 专用材料修补墙面、拉毛； 蒸压加气混凝土砌块墙体
		《蒸压加气混凝土墙体专用砂浆》JC/T 890—2017 《抹灰石膏》GB/T 28627—2023 《建筑室内用腻子》JG/T 298—2010	涂饰类面层（见工程设计）； 腻子； 专用抹灰石膏打底找平； 专用材料修补墙面、拉毛； 蒸压加气混凝土砌块墙体

续表

类型	主材	辅材	典型做法
混凝土轻质条板	《混凝土轻质条板》JG/T 350—2011 《建筑用轻质隔墙条板》GB/T 23451—2023 《建筑隔墙用轻质条板通用技术要求》JG/T 169—2016	《预拌砂浆》GB/T 25181—2019	瓷砖类面层（见工程设计）； 粘结层； 专用抹灰砂浆打底找平（挂网）； 专用材料修补墙面、拉毛； 混凝土轻质条板墙体
		《抹灰石膏》GB/T 28627—2023 《建筑室内用腻子》JG/T 298—2010	涂饰类面层（见工程设计）； 腻子； 专用抹灰石膏打底找平； 专用材料修补墙面、拉毛； 混凝土轻质条板墙体
水泥条板	—	《石膏腻子》JC/T 2514—2019 《预拌砂浆》GB/T 25181—2019	瓷砖类面层（见工程设计）； 粘结层； 专用抹灰砂浆打底找平（挂网）； 专用材料修补墙面、拉毛； 水泥条板墙体
		《石膏腻子》JC/T 2514—2019 《抹灰石膏》GB/T 28627—2023 《建筑室内用腻子》JG/T 298—2010	涂饰类面层（见工程设计）； 腻子找平； 专用抹灰石膏打底找平； 专用材料修补墙面、拉毛； 水泥条板墙体
石膏空心条板	《石膏空心条板》JC/T 829—2010 《建筑用轻质隔墙条板》GB/T 23451—2023 《建筑隔墙用轻质条板通用技术要求》JG/T 169—2016	《石膏腻子》JC/T 2514—2019 《预拌砂浆》GB/T 25181—2019	瓷砖类面层（见工程设计）； 粘结层； 专用抹灰砂浆打底找平（挂网）； 专用材料修补墙面、拉毛； 石膏空心条板墙体
		《石膏腻子》JC/T 2514—2019 《抹灰石膏》GB/T 28627—2023 《建筑室内用腻子》JG/T 298—2010	涂饰类面层（见工程设计）； 腻子找平； 专用抹灰石膏打底找平； 专用材料修补墙面、拉毛； 石膏空心条板墙体

续表

类型	主材	辅材	典型做法
发泡陶瓷条板/ 发泡陶瓷复合条板	《建筑用轻质隔墙条板》 GB/T 23451—2023	《石膏腻子》JC/T 2514—2019 《预拌砂浆》GB/T 25181—2019	瓷砖类面层（见工程设计）； 粘结层； 专用抹灰砂浆打底找平（挂网）； 专用材料修补墙面、拉毛； 发泡陶瓷板/发泡陶瓷复合条板墙体
		《石膏腻子》JC/T 2514—2019 《抹灰石膏》GB/T 28627—2023 《建筑室内用腻子》JG/T 298—2010	涂饰类面层（见工程设计）； 腻子找平； 专用抹灰石膏打底找平； 专用材料修补墙面、拉毛； 发泡陶瓷板/发泡陶瓷复合条板墙体
纸面石膏板龙骨隔墙	《可拆装式隔断墙技术要求》 JG/T 487—2016 《轻钢龙骨式复合墙体》 JG/T 544—2018 《建筑用轻钢龙骨》 GB/T 11981—2008 《纸面石膏板》GB/T 9775—2008	《建筑用轻钢龙骨配件》JC/T 558—2007 《紧固件　螺栓、螺钉、螺柱和螺母　通用技术条件》GB/T 16938—2008 《碳素结构钢》GB/T 700—2006 《墙板自攻螺钉》GB/T 14210—1993 《建筑室内用腻子》JG/T 298—2010 《石膏腻子》JC/T 2514—2019	面层（见工程设计）； 腻子找平； 防裂腻子找平； 防潮层； 纸面石膏板龙骨隔墙

3 墙面

墙面设计不仅回应建筑所处的功能要求，也极大地关系到装饰效果。通过梳理现行工程标准，同时结合室内设计师调研得知，在墙面设计中主要考虑墙面材料的构造空间、环保性能、防火性能、耐变形性、耐擦洗、耐划擦性、干挂耐撞击性、吸声降噪性和其他性能。以上性能中构造空间、耐变形性、干挂耐撞击性和吸声降噪性均缺少相应的设计要求和指标，不利于工程质量的保证，也使产品标准无法与工程较好衔接。

使用本章时的顺序和方法：

1）选择需要关注的功能和性能——参考 3.1；

2）根据选定的功能和性能选择匹配的产品——参考表 3-1；

3）查看具体的产品性能及执行标准——参考 3.2；

4）根据选择的做法查看相关的标准体系——参考 3.3。

3.1 设计要点

墙面设计执行及参考的工程标准主要有：

《建筑环境通用规范》GB 55016—2021

《建筑防火通用规范》GB 55037—2022

《建筑装饰装修工程质量验收标准》GB 50210—2018

《建筑内部装修设计防火规范》GB 50222—2017

《民用建筑工程室内环境污染控制标准》GB 50325—2020

《住宅装饰装修工程施工规范》GB 50327—2001

《建筑内部装修防火施工及验收规范》GB 50354—2005

《建筑玻璃应用技术规程》JGJ 113—2015

《金属与石材幕墙工程技术规范》JGJ 133—2001

《住宅室内装饰装修工程质量验收规范》JGJ/T 304—2013

《住宅室内装饰装修设计规范》JGJ 367—2015

《装配式内装修技术标准》JGJ/T 491—2021

《建筑用木塑复合板应用技术标准》JGJ/T 478—2019

3.1.1 构造空间

构造空间不仅是指材料的厚度，也需要考虑材料背后的构造厚度，工程中常见的问题是建筑尺寸对于装饰装修完成面尺寸的预留问题。影响建筑构造空间尺寸主要有隔墙墙体厚度和墙面装饰材料构造厚度，虽然隔墙墙体厚度影响较大，但是墙面装饰材料不同构造做法，其构造厚度也会一定程度上影响建筑构造空间尺寸。在多项工程标准中均对建筑空

墙面选型因素与性能指标对照 表 3-1

面层材料类型	环保性能	干挂耐撞击性	耐变形性	耐擦洗、耐划擦性	其他性能	产品标准
合成乳液内墙涂料	暂无	暂无	暂无	耐洗刷性	耐碱性（24h）	《合成树脂乳液内墙涂料》GB/T 9756—2018
无机涂料	挥发性有机化合物含量，苯、甲苯、乙苯和二甲苯含量总和，游离甲醛含量，可溶性重金属含量		柔韧性	耐洗刷性	耐碱性（48h）	《无机干粉建筑涂料》JG/T 445—2014
墙纸墙布	重金属（或其他）元素、氯乙烯单体、甲醛	暂无	水浸尺寸稳定性	耐摩擦色牢度	褪色性、面层与基底剥离强度	《纺织面墙纸（布）》JG/T 510—2016
金属集成墙面板	甲醛释放量、总挥发性有机化合物、重金属含量	耐撞击性能	暂无	铅笔硬度	涂层附着力、覆膜饰面集成墙面板的覆膜剥离力、耐人工气候老化、耐污染性能	《建筑装配式集成墙面》JG/T 579—2021
铝板	暂无	板材的耐冲击性	暂无	膜的铅笔硬度、耐磨性	膜的附着力、耐化学腐蚀性、封孔质量	《建筑装饰用铝单板》GB/T 23443—2009
	暂无	暂无	饰面层柔韧性	饰面层表面硬度	饰面层附着力、耐盐酸性、耐油性、耐碱性、耐硝酸性、封孔质量、耐溶剂性、耐沾污性、耐盐雾性、耐人工气候老化性能和装饰板滚筒剥离强度、耐热水性、耐温差性	《普通装饰用铝蜂窝复合板》JC/T 2113—2012
钢板	暂无	暂无	暂无	涂层铅笔硬度	涂层附着力、耐化学腐蚀性、耐紫外灯加速老化性能和板材耐中性盐雾性能	《建筑装饰用彩钢板》JG/T 516—2017
纸面石膏板	暂无	断裂荷载、抗冲击性	耐水纸面石膏板和耐水耐火纸面石膏板的吸水率、表面吸水量	暂无	受潮挠度供需双方商定	《纸面石膏板》GB/T 9775—2008

续表

面层材料类型	环保性能	干挂耐撞击性	耐变形性	耐擦洗、耐划擦性	其他性能	产品标准
装饰石膏板	暂无	断裂荷载	防潮板的吸水率、受潮挠度	暂无	暂无	《装饰石膏板》JC/T 799—2016
装饰纸面石膏板	暂无	隔墙用板的断裂荷载	含水率、防潮板的受潮挠度	暂无	暂无	《装饰纸面石膏板》JC/T 997—2006
硅酸钙板	暂无	B类、C类板材抗冲击强度或抗冲击性	B类吸水率、湿涨率，C类板材湿涨率	暂无	B类板材抗冻性	《纤维增强硅酸钙板　第1部分：无石棉硅酸钙板》JC/T 564.1—2018
硫氧镁板	放射性限量、游离甲醛释放量	暂无	吸水率、含水率、干缩率、湿涨率、受潮挠度	暂无	抗返卤性、氯离子溶出量、表面耐污染、表面耐干热、表面耐龟裂	《建筑用菱镁装饰板》JG/T 414—2013
大理石	暂无	暂无	吸水率	暂无	暂无	《天然大理石建筑板材》GB/T 19766—2016
花岗石	放射性	暂无	吸水率	暂无	暂无	《天然花岗石建筑板材》GB/T 18601—2009
陶瓷砖	有釉砖铅和镉的溶出量	断裂模数、抗冲击性	吸水率、线性膨胀系数、抗热震性、湿膨胀	暂无	耐污染性、耐低浓度酸和碱化学腐蚀性、耐高浓度酸和碱化学腐蚀性、耐家庭化学试剂和泳池盐类化学腐蚀性	《陶瓷砖》GB/T 4100—2015
	有釉砖铅和镉溶出量限量、放射性核素限量	断裂模数	吸水率、粘结性、湿膨胀	暂无	耐污染性、耐化学腐蚀性	《室内外陶瓷墙地砖通用技术要求》JG/T 484—2015
陶瓷板	釉面铅和镉的溶出量、放射性核数限量	断裂模数	吸水率、抗热震性	暂无	耐化学腐蚀性、耐污染性	《陶瓷板》GB/T 23266—2009
	可溶性重金属、放射性核素限量、甲醛释放量、总挥发性有机化合物	抗冲击性、耐撞击性能	吸水率	暂无	耐污染性能	《建筑装配式集成墙面》JG/T 579—2021

续表

面层材料类型	环保性能	干挂耐撞击性	耐变形性	耐擦洗、耐划擦性	其他性能	产品标准
岩板	暂无	暂无	暂无	暂无	暂无	暂无
平板玻璃	暂无	暂无	暂无	暂无	暂无	《平板玻璃》GB 11614—2022
钢化玻璃	暂无	抗冲击性、碎片状态、霰弹袋冲击性能	暂无	暂无	暂无	《建筑用安全玻璃　第2部分：钢化玻璃》GB 15763.2—2005
夹层玻璃	暂无	落球冲击剥离性能、霰弹袋冲击性能	暂无	暂无	暂无	《建筑用安全玻璃　第3部分：夹层玻璃》GB 15763.3—2009
均质钢化玻璃	暂无	抗冲击性、碎片状态、霰弹袋冲击性能	暂无	暂无	暂无	《建筑用安全玻璃　第4部分：均质钢化玻璃》GB 15763.4—2009
竹（木）纤维板	氯乙烯单体、甲醛释放量、总挥发性有机化合物、重金属含量	耐撞击性能	尺寸稳定性、吸水厚度膨胀率、维卡软化温度	表面耐划痕性能	涂饰饰面竹（木）塑集成墙面板附着力、覆膜饰面竹（木）塑集成墙面板剥离力、耐污染性能、耐人工气候老化	《建筑装配式集成墙面》JG/T 579—2021
木塑装饰墙板	甲醛释放量、重金属含量	暂无	含水率、尺寸稳定性、吸水厚度膨胀率	暂无	pvc薄膜饰面木塑装饰板剥离力、浸渍胶膜纸饰面木塑装饰板表面胶合强度、表面涂饰木塑装饰板漆膜附着力	《木塑装饰板》GB/T 24137—2009
	甲醛释放量、表面涂饰挂板可溶性重金属含量	抗冲击性能	含水率、吸水厚度膨胀率、尺寸稳定性	表面涂饰挂板漆膜硬度	表面涂饰挂板漆膜附着力、聚氯乙烯薄膜饰面木塑挂板耐剥离力、浸渍胶膜纸饰面木塑挂板表面胶合强度、表面耐污染腐蚀	《建筑装饰用木质挂板通用技术条件》JG/T 569—2019
实木挂板、改性木挂板	改性木挂板甲醛释放量、表面涂饰挂板可溶性重金属含量	抗冲击性能	含水率	表面涂饰挂板漆膜硬度	表面涂饰挂板漆膜附着力	
重组材挂板	甲醛释放量、表面涂饰挂板可溶性重金属含量	抗冲击性能	含水率、尺寸稳定性、吸水厚度膨胀率	表面涂饰挂板漆膜硬度	表面涂饰挂板漆膜附着力	

续表

面层材料类型	环保性能	干挂耐撞击性	耐变形性	耐擦洗、耐划擦性	其他性能	产品标准
木质人造板挂板	甲醛释放量、表面涂饰挂板可溶性重金属含量	抗冲击性能	含水率、尺寸稳定性	表面涂饰挂板漆膜硬度、表面耐划痕	表面涂饰挂板漆膜附着力，聚氯乙烯薄膜饰面挂板耐剥离力，表面胶合强度，表面耐污染腐蚀，基材为细木工板、胶合板的人造板类挂板浸渍剥离，色泽稳定性	《建筑装饰用木质挂板通用技术条件》JG/T 569—2019
集成材挂板	甲醛释放量、表面涂饰挂板可溶性重金属含量	抗冲击性能	含水率	表面涂饰挂板漆膜硬度	表面涂饰挂板漆膜附着力、浸渍剥离	
聚氯乙烯发泡板	有害物质限量	简支梁冲击强度	维卡软化温度、加热尺寸变化率、吸水率	暂无	暂无	《硬质聚氯乙烯低发泡板材 第2部分：结皮发泡法》QB/T 2463.2—2018、《硬质聚氯乙烯低发泡板材 第3部分：共挤出法》QB/T 2463.3—2018
木丝水泥板	放射性，甲醛含量	抗弯承载力，落锤冲击	吸水厚度膨胀率、干燥收缩值	暂无	暂无	《木丝水泥板》JG/T 357—2012

间、走廊等的最小面积、最小净宽提出要求，但不同材料、不同构造方式的预留尺寸要求不尽相同，对设计选型造成一定困难。

3.1.2　环保性能

室内环境污染物主要来自室内装饰装修材料，这些污染物对人体危害较大，且挥发性较强。为了预防和控制室内环境污染，保障公众健康，应在源头进行控制。

室内装饰装修工程所用石材、陶瓷、石膏、无机粉状粘结材料等无机非金属装饰装修材料应关注放射性核素限量，有机类材料则要重点关注甲醛、VOC等指标。目前，《建筑环境通用规范》GB 55016—2021规定了Ⅰ类、Ⅱ类民用建筑的室内空气污染物浓度限量，并且在该规范第5.3.4条规定Ⅰ类民用建筑工程室内装饰装修采用的无机非金属装饰装修材料放射性限量应满足$I_{Ra} \leqslant 1.0$、$I_r \leqslant 1.3$。不同材质的墙面产品，其环保性能也有所不同。如无机涂料在《无机干粉建筑涂料》JG/T 445—2014中规定了挥发性有机化合物含量，苯、甲苯、乙苯和二甲苯含量总和，游离甲醛，可溶性重金属含量；墙纸墙布在《纺织面墙纸（布）》JG/T 510—2016中规定了重金属（或其他）元素、氯乙烯单体和甲醛限量值；陶瓷板在《陶瓷板》GB/T 23266—2009中规定了釉面铅和镉的溶出量和放射性核素限量；木塑装饰墙板在《木塑装饰板》GB/T 24137—2009中规定了甲醛释放量。

3.1.3　防火性能

根据中国消防协会编辑出版的《火灾案例分析》，许多建筑物火灾起因于装饰装修材料的燃烧。随着人民生活水平的提高，室内装饰装修材料发展迅速，因此在工程设计中要正确处理装饰装修效果和使用安全的矛盾。《建筑防火通用规范》GB 55037—2022规定了不同建筑物和场所对应的室内墙面装饰材料的燃烧性能，《建筑内部装修设计防火规范》GB 50222—2017规定了民用建筑内部各部位装饰装修材料的燃烧性能等级，在工程设计中应予以重点控制和关注。

3.1.4　耐变形性

温湿度变化造成的空鼓、脱落等现象是常见的墙面质量问题。《指南》中，将墙面装饰材料在温度、湿度变化的情况下，能够保持尺寸和性质稳定的能力统称为耐变形性。

由于材料性质的差异，不同材料的耐变形性以不同的指标进行表征，如木塑装饰墙板的耐变形性在《木塑装饰板》GB/T 24137—2009中是含水率、尺寸稳定性、吸水厚度膨胀率，陶瓷砖的耐变形性在《陶瓷砖》GB/T 4100—2015采用吸水率，墙纸墙布在《纺织面墙纸（布）》JG/T 510—2016中是水浸尺寸稳定性。对于无机涂料，因为其附着在基层上，当基层变形的时候，如果涂料柔韧性不够，将有脱落的风险，《无机干粉建筑涂料》JG/T 445—2014对柔韧度进行了规定。聚氯乙烯发泡板在《硬质聚氯乙烯低发泡板材　第2部分：结皮发泡法》QB/T 2463.2—2018和《硬质聚氯乙烯低发泡板材　第3部分：共挤出法》QB/T 2463.3—2018中以维卡软化点、加热尺寸变化率、吸水率表征。

3.1.5 耐擦洗、耐划擦性

在长期的使用中，墙面材料有耐擦洗的要求，同时在容易受到划擦等部位，也需要关注耐划擦的性能。涂料类材料一般用耐洗刷性表示，《合成树脂乳液内墙涂料》GB/T 9756—2018 和《无机干粉建筑涂料》JG/T 445—2014 对耐洗刷性均有明确的分级规定。墙纸墙布采用的是耐摩擦色牢度，《纺织面墙纸（布）》JG/T 510—2016 的耐摩擦色牢度需进行干摩擦和湿摩擦后对色牢度进行评定。铝板、钢板在《建筑装饰用铝单板》GB/T 23443—2009、《建筑装饰用彩钢板》JG/T 516—2017 中以铅笔硬度进行表征。

3.1.6 干挂耐撞击性

墙面作为建筑垂直构件面层，需要在承受冲击力时保证完整性，并在承受较大冲击力时能保证安全性。耐撞击不仅与墙面面材有关，也与墙面背后的构造相关。对于板材本身，应关注产品的断裂荷载性能。采用干挂做法时，背后有空腔，应关注材料的耐撞击性能。

部分产品标准对产品断裂荷载进行了规定，如《纸面石膏板》GB/T 9775—2008 按板材厚度规定了纵向和横向断裂荷载的平均值和最小值，《室内外陶瓷墙地砖通用技术要求》JG/T 484—2015 规定了室内墙砖断裂模数平均值。部分产品标准对产品耐撞击性能进行分级，如《纤维增强硅酸钙板　第 1 部分：无石棉硅酸钙板》JC/T 564.1—2018 将产品按抗冲击性能分为 C1、C2、C3、C4 和 C5，并按照板材厚度以抗冲击强度和抗冲击性表示，其中抗冲击性按不同板材厚度选择不同落球高度进行试验，但该标准未规定不同抗冲击强度等级对应适用的应用场景和建筑类型。《纸面石膏板》GB/T 9775—2008 同样以不同板厚选择不同落球高度进行抗冲击性试验，但钢球重量和落球高度与《纤维增强硅酸钙板　第 1 部分：无石棉硅酸钙板》JC/T 564.1—2018 并不统一。

3.1.7 吸声降噪性

声学环境是室内物理环境中很重要的一项内容，在室内设计中也是衡量环境舒适度的重要指标之一。在一些面积相对较小、人流密度相对较大的场所，会出现人声嘈杂、混响严重、声学环境较差等问题，室内设计师在选择墙面装饰装修材料时就需要关注墙面装饰装修材料的吸声降噪性。大部分产品标准对吸声降噪性的指标通常不做具体规定，如《木丝水泥板》JG/T 357—2012 仅规定Ⅰ型木丝水泥板降噪系数应达到设计及有关标准的要求；《吸声用穿孔石膏板》JC/T 803—2007 则规定根据需要，供方提供穿孔石膏板特定吸声结构的吸声频率特性图表，并注明组成吸声结构的材料与结构的详细情况。《吸声用穿孔纤维水泥板》JC/T 566—2022 在一般要求中规定吸声系数应根据吸声系统（设计空腔厚度、粘贴的背覆材料、填充的吸声材料等）及安装结构等实际工况，按《声学　混响室吸声测量》GB/T 20247—2006 进行测定。

3.1.8 其他性能

墙面装饰装修的表面性能，如在光照等环境下不易褪色，在腐蚀环境下不易变色、不起泡或在污染物接触后易擦洗的性能，在《指南》中称为其他性能，在室内墙面设计中也需要重点考虑。如涂料在《合成树脂乳液内墙涂料》GB/T 9756—2018 和《无机干粉建筑涂料》JG/T 445—2014 以耐碱性表示。墙纸墙布在《纺织面墙纸（布）》JG/T 510—2016 中以褪色性表示。彩钢板在《建筑装饰用彩钢板》JG/T 516—2017 以耐化学腐蚀性、耐紫外灯加速老化性能和耐中性盐雾性能表征。陶瓷板在《陶瓷板》GB/T 23266—2009 中以耐化学腐蚀性、耐污染性表征。

3.2 产品选型及相关标准

工程应用中，常用的室内墙面产品类型主要有涂料类、墙纸墙布类、金属装饰板类、无机板材类、有机板材类和其他类。

涂料类产品主要有乳液内墙涂料和无机涂料，金属装饰板按基板材质主要有铝板、钢板，无机板材类按材质主要有石膏板（包括纸面石膏板、装饰石膏板和装饰纸面石膏板）、硅酸钙板、硫氧镁板、石材（包括天然大理石板、天然花岗石板）、陶瓷砖及陶瓷板、岩板和玻璃（包括平板玻璃、钢化玻璃、夹层玻璃、均质钢化玻璃），有机板材类主要有竹（木）纤维板及木塑装饰板、木质挂板（实木挂板、改性木挂板、重组材挂板、木质人造板挂板、集成材挂板）、聚氯乙烯结皮发泡板及聚氯乙烯共挤发泡板，其他类以木丝水泥板为代表。

根据本章第 3.1 节对墙面材料的要求，对产品标准进行了梳理，将相关性能分类整理到表 3-1 中，供设计师查阅使用。

3.2.1 乳液内墙涂料

执行标准：乳液内墙涂料应符合《合成树脂乳液内墙涂料》GB/T 9756—2018 的规定。

该标准适用于以合成树脂乳液为基料，与颜料、体质颜料及各种助剂配制而成的，施涂后能形成表面平整的薄质涂层的内墙涂料，包括底漆和面漆。

主要性能指标：该标准将面漆按使用要求分为合格品、一等品和优等品三个等级，并规定了面漆的耐碱性（24h）和耐洗刷性等主要理化性能，但并未规定环保性能相关要求。面漆主要理化性能见表 3-2。

《合成树脂乳液内墙涂料》GB/T 9756—2018 面漆主要理化性能 **表 3-2**

项目	要求		
	合格品	一等品	优等品
耐碱性（24h）	无异常		
耐洗刷性（次）	≥350	≥1500	≥6000

3.2.2 无机涂料

执行标准：无机涂料应符合《无机干粉建筑涂料》JG/T 445—2014 的规定。

该标准适用于建筑内墙用无机干粉建筑涂料。

主要性能指标：该标准按产品性能分为Ⅰ型、Ⅱ型、Ⅲ型，并规定了无机干粉内墙涂料柔韧性，耐碱性，耐洗刷性，挥发性有机化合物含量，苯、甲苯、乙苯和二甲苯含量总和，游离甲醛含量，可溶性重金属含量等主要性能，见表3-3。

《无机干粉建筑涂料》JG/T 445—2014 主要性能　　表3-3

项目		要求		
		Ⅰ型	Ⅱ型	Ⅲ型
柔韧性		直径100mm，无裂纹		
耐碱性（48h）		无异常		
耐洗刷性（次）		≥500	≥1000	≥2000
挥发性有机化合物含量（VOC）(g/kg)		≤1		
苯、甲苯、乙苯和二甲苯含量总和（mg/kg）		≤50		
游离甲醛含量（mg/kg）		≤20	≤20	≤5
可溶性重金属含量（mg/kg）	铅Pb	符合现行国家标准《建筑用墙面涂料中有害物质限量》GB 18582的规定		
	镉Cd			
	铬Cr			
	汞Hg			

3.2.3 墙纸墙布

执行标准：墙纸墙布应符合《纺织面墙纸（布）》JG/T 510—2016的规定。

该标准适用于以天然纤维或合成纤维纺织物为面层，纸或布及其他复合材料为基底的室内墙面装饰物。

主要性能指标：该标准规定了褪色性、耐摩擦色牢度、水浸尺寸稳定性、面层与基底剥离强度、有害物质限量等主要性能，墙纸墙布主要理化性能见表3-4，有害物质限量值见表3-5。

《纺织面墙纸（布）》JG/T 510—2016 主要理化性能　　表3-4

项目		要求	
		整幅墙纸（布）	拼贴墙纸（布）
褪色性（级）		≥3	≥3
耐摩擦色牢度（级）	干摩擦	≥3～4	≥3
	湿摩擦	≥3	≥2～3
水浸尺寸稳定性（%）（风干后）	纵向	±0.5	±0.5
	横向	±0.5	±0.5
面层与基底剥离强度（N/50mm）（基底为热胶除外）		≥4	≥4

《纺织面墙纸（布）》JG/T 510—2016 有害物质限量值　　表 3-5

有害物质		限量值
重金属（或其他）元素（mg/kg）	钡	≤500
	镉	≤25
	铬	≤60
	铅	≤90
	砷	≤8
	汞	≤20
	硒	≤165
	锑	≤20
氯乙烯单体（mg/kg）		≤0.2
甲醛（mg/kg）		≤60

3.2.4 金属装饰板

（1）执行标准：金属装饰板应符合《建筑装配式集成墙面》JG/T 579—2021 的规定。该标准适用于金属集成墙面板等制备的室内装饰装修用装配式集成墙面。

主要性能指标：该标准规定了以铝板、钢板为基材的金属集成墙面板的铅笔硬度、耐撞击性能、涂层附着力、覆膜饰面集成墙面板的覆膜剥离力、耐人工气候老化、耐污染性能、燃烧性能、甲醛释放量、总挥发性有机化合物、重金属含量等主要性能，见表 3-6。

《建筑装配式集成墙面》JG/T 579—2021 金属装饰板主要性能　　表 3-6

项目		要求
铅笔硬度		≥H
涂层附着力（级）		≥0
覆膜饰面集成墙面板的覆膜剥离力（N）		≥40
耐人工气候老化	外观	无开裂、无脱落、无鼓泡
	耐光色牢度（灰色样卡）（级）	≥3
耐污染性能（级）		≥2
耐撞击性能（集成墙面板、墙面板间拼缝）		经撞击试验后无明显变形及破坏
燃烧性能（级）		B_1
甲醛释放量（mg/m^3）		≤0.124
总挥发性有机化合物（TVOC）[$mg/(m^2 \cdot h)$](72h)		≤0.50
重金属含量（mg/kg）	铅	≤1000
	镉	≤100
	六价铬	≤1000
	汞	≤1000

（2）执行标准：铝板应符合《建筑装饰用铝单板》GB/T 23443—2009、《普通装饰用铝蜂窝复合板》JC/T 2113—2012 的规定。

《建筑装饰用铝单板》GB/T 23443—2009 适用于建筑装饰用铝单板。该标准按使用环境分为室外用和室内用，按膜的材质分为氟碳涂层、聚酯涂层、丙烯酸涂层、陶瓷涂层和阳极氧化膜，并规定了膜的附着力、铅笔硬度、耐化学腐蚀性、封孔质量、耐磨性以及产品的耐冲击性等主要性能。产品的耐冲击性：经 50kg · cm 冲击后，正反面铝材应无裂纹，涂层应无脱落，氟碳、聚酯和丙烯酸涂层应无开裂，陶瓷涂层允许有轻微开裂，阳极氧化膜不作要求。膜主要性能见表 3-7。

《建筑装饰用铝单板》GB/T 23443—2009 膜主要性能　　表 3-7

<table>
<tr><th colspan="3" rowspan="2">项目</th><th colspan="4">要求</th></tr>
<tr><th>氟碳</th><th>聚酯、丙烯酸</th><th>陶瓷</th><th>阳极氧化</th></tr>
<tr><td rowspan="3">附着力（划格法）（级）</td><td colspan="2">干式</td><td colspan="3">0</td><td rowspan="3">—</td></tr>
<tr><td colspan="2">湿式</td><td colspan="3">0</td></tr>
<tr><td colspan="2">沸水煮</td><td colspan="3">0</td></tr>
<tr><td colspan="3">铅笔硬度</td><td colspan="2">≥1H</td><td>≥4H</td><td rowspan="4">—</td></tr>
<tr><td rowspan="4">耐化学腐蚀性</td><td rowspan="2">耐酸性</td><td>耐盐酸</td><td colspan="3">无变化</td></tr>
<tr><td>耐硝酸</td><td colspan="3">无起泡等变化，色差 $\Delta E \leqslant 5.0$</td></tr>
<tr><td colspan="2">耐砂浆性</td><td colspan="3">无变化</td></tr>
<tr><td colspan="2">耐溶剂性</td><td>丁酮，无漏底</td><td>二甲苯，擦拭法无漏底或静置法涂层无发暗，划痕试验应无明显划痕</td><td>丁酮，无漏底</td><td>—</td></tr>
<tr><td colspan="3">封孔质量（mg/dm^2）</td><td colspan="3">—</td><td>≤30</td></tr>
<tr><td colspan="3">耐磨性</td><td>≥5L/μm</td><td>—</td><td>≥5L/μm</td><td>≥300g/μm</td></tr>
</table>

注：耐溶剂性，聚酯粉末涂层采用静置法，其他涂层均采用擦拭法。

《普通装饰用铝蜂窝复合板》JC/T 2113—2012 适用于普通装饰用途的铝蜂窝复合板。该标准按装饰面材质分为氟碳树脂涂层、聚酯树脂涂层、丙烯酸树脂涂层、阳极氧化膜和覆膜，规定了装饰面层表面硬度、柔韧性、附着力、耐盐酸性、耐油性、耐碱性、耐硝酸性、封孔质量、耐溶剂性、耐沾污性、耐盐雾性、耐人工气候老化等主要性能和装饰板滚筒剥离强度、耐热水性、耐温差性等主要性能。装饰面层主要性能见表 3-8，装饰板（非打孔板）主要性能见表 3-9。

《普通装饰用铝蜂窝复合板》JC/T 2113—2012 装饰面层主要性能　　表 3-8

<table>
<tr><th colspan="2" rowspan="2">项目</th><th colspan="3">技术要求</th></tr>
<tr><th>氟碳涂层</th><th>其他涂层</th><th>阳极氧化膜</th></tr>
<tr><td colspan="2">表面硬度</td><td>≥HB</td><td>≥HB</td><td>—</td></tr>
<tr><td colspan="2">柔韧性（T）</td><td>≤2</td><td>≤3</td><td>—</td></tr>
<tr><td rowspan="3">附着力（级）</td><td>标准实验室条件</td><td>0</td><td>0</td><td>—</td></tr>
<tr><td>耐热水性试验后</td><td>0</td><td>0</td><td>—</td></tr>
<tr><td>耐温差性试验后</td><td>0</td><td>0</td><td>—</td></tr>
<tr><td colspan="2">耐盐酸性</td><td>无变化</td><td>无变化</td><td>—</td></tr>
<tr><td colspan="2">耐油性</td><td>无变化</td><td>无变化</td><td>无变化</td></tr>
<tr><td colspan="2">耐碱性</td><td>无鼓泡、凸起、粉化等异常，色差 $\Delta E \leqslant 2$</td><td>无变化</td><td>—</td></tr>
</table>

续表

项目		技术要求		
		氟碳涂层	其他涂层	阳极氧化膜
耐硝酸性		无鼓泡、凸起、粉化等异常，色差 $\Delta E \leqslant 5$	—	—
封孔质量（mg/dm^2）		—	—	≤30
耐溶剂性		不露底	不露底	—
耐沾污性（%）		≤5	≤5	≤5
耐盐雾性		腐蚀等级不低于1级，无脱胶	腐蚀等级不低于1级，无脱胶	≥9级
耐人工气候老化	色差 ΔE	≤4.0	≤2.0	≤2.0
	失光等级（级）	不次于2	不次于2	不次于2
	其他老化性能（级）	0	0	0
	外观	无脱胶	无脱胶	无脱胶

《普通装饰用铝蜂窝复合板》JC/T 2113—2012 装饰板主要性能　　表 3-9

项目		技术要求
滚筒剥离强度（N·mm/mm）	平均值	≥40
	最小值	≥30
耐热水性	外观	无异常
	滚筒剥离强度最小值（N·mm/mm）	≥20
耐温差性	外观	无异常
	滚筒剥离强度最小值（N·mm/mm）	≥30

注：对于打孔的板，其力学性能可由供需双方商定。

（3）执行标准：钢板应符合《建筑装饰用彩钢板》JG/T 516—2017 的规定。

该标准适用于一般工业与民用建筑室内外用彩钢板。

主要性能指标：该标准规定了涂层附着力、铅笔硬度、耐化学腐蚀性、耐紫外灯加速老化性能和彩钢板的耐中性盐雾性能，产品性能并没有区分室内用和室外用。涂层主要性能见表 3-10，耐中性盐雾性能见表 3-11。

《建筑装饰用彩钢板》JG/T 516—2017 涂层主要性能　　表 3-10

项目			要求	
附着力（划格法）（级）			0	
铅笔硬度			≥1H	
耐化学腐蚀性	耐酸性	耐盐酸	5%HCl 无变化	
		耐硝酸	无起泡等变化，色差 $\Delta E \leqslant 5.0$	
	耐砂浆		无变化	
耐紫外灯加速老化性能，2000h	R_{UV2}		色差 $\Delta E \leqslant 5$	光泽保持率≥30%
	R_{UV3}		色差 $\Delta E \leqslant 3$	光泽保持率≥60%

注：1. 耐酸性适用于腐蚀等级 C3 和 C4 等级，腐蚀等级分级方法见该标准附录 C；
2. 耐紫外灯加速老化性能对色差 ΔE 的要求不适用于金属色和具有图案纹理的涂层。

《建筑装饰用彩钢板》JG/T 516—2017 彩钢板耐中性盐雾性能　　表 3-11

级别	试验时间	要求
C1	—	划线单边腐蚀宽度不应大于 2.0mm，起泡密度等级和起泡大小等级不应小于 3 级，但不允许起泡密度和起泡大小等级同时为 3 级
C2	100	
C3	500	
C4	1000	
C5	2000	

注：C1、C2、C3、C4、C5 为腐蚀等级，腐蚀等级分级方法见该标准附录 C。

（4）其他类型的金属装饰板，如搪瓷钢板应符合《建筑装饰用搪瓷钢板》JG/T 234—2008 的规定。

3.2.5　石膏板

执行标准：石膏板基板应符合《纸面石膏板》GB/T 9775—2008 的规定，装饰石膏板应符合《装饰石膏板》JC/T 799—2016、《装饰纸面石膏板》JC/T 997—2006 的规定。

《纸面石膏板》GB/T 9775—2008 适用于建筑物中用作非承重内隔墙体和吊顶的纸面石膏板，也适用于需经二次饰面加工的装饰纸面石膏板的基板。该标准规定了断裂荷载，抗冲击性，受潮挠度，耐水纸面石膏板和耐水耐火纸面石膏板的吸水率、表面吸水量，耐火纸面石膏板和耐水耐火纸面石膏板的遇火稳定性，石膏板断裂荷载见表 3-12，其他主要性能见表 3-13。

《纸面石膏板》GB/T 9775—2008 断裂荷载　　表 3-12

板材厚度	断裂荷载（N）			
	纵向		横向	
	平均值	最小值	平均值	最小值
9.5	400	360	160	140
12.0	520	460	200	180
15.0	650	580	250	220
18.0	770	700	300	270
21.0	900	810	350	320
25.0	1100	970	420	380

《纸面石膏板》GB/T 9775—2008 其他主要性能　　表 3-13

项目	要求
抗冲击性	板面背面无径向裂纹
耐水纸面石膏板和耐水耐火纸面石膏板的吸水率（%）	≤10
耐水纸面石膏板和耐水耐火纸面石膏板的表面吸水量（g/m^2）	≤160
耐火纸面石膏板和耐水耐火纸面石膏板的遇火稳定性（min）	≥20
受潮挠度	由供需双方商定

注：抗冲击性试验的钢球直径 50mm，钢球质量 510g，板材厚度 9.5mm 落球高度为 500mm，板材厚度 12mm 落球高度为 600mm，板材厚度 15mm 落球高度为 700mm，板材厚度 18mm 落球高度为 800mm，板材厚度 21mm 落球高度为 900mm，板材厚度 25mm 落球高度为 1000mm。以五张板最严重情况作为该组试样的抗冲击性结果。

《装饰石膏板》JC/T 799—2016适用于室内吊顶和墙面用装饰石膏板，该标准中装饰石膏板不带护面纸或布等护面材料。该标准根据防潮性能分为普通板和防潮板，根据板材正面形状不同分为平板、孔板和浮雕板，并规定了含水率、断裂荷载、燃烧性能和防潮板的防潮性能等主要性能。装饰石膏板主要性能见表3-14。

《装饰石膏板》JC/T 799—2016主要性能　　表3-14

项目		指标					
		P、K、FP、FK			D、FD		
		平均值	最大值	最小值	平均值	最大值	最小值
含水率（%）		≤2.5	≤3.0	—	≤2.5	≤3.0	—
断裂荷载（N）		≥147	—	≥132	≥167	—	≥150
防潮板的防潮性能	吸水率（%）	≤8.0	≤9.0	—	≤8.0	≤9.0	—
	受潮挠度（mm）	≤5	≤6	—	≤5	≤6	—
燃烧性能（级）		A1					

注：1. P为普通板平板、K为普通板孔板、D为普通板浮雕板、FP为防潮板平板、FK为防潮板孔板、FD为防潮板浮雕板；
2. 普通板不检验防潮性能。

《装饰纸面石膏板》JC/T 997—2006适用于以纸面石膏板为基材，在其正面经涂敷、压花、贴膜等加工后，用于室内装饰的板材。该标准按防潮性能分为普通板和防潮板，并规定了含水率、隔墙用板的断裂荷载（横向）、防潮板的受潮挠度等主要性能。装饰纸面石膏板主要性能见表3-15。

《装饰纸面石膏板》JC/T 997—2006主要性能　　表3-15

项目	要求
含水率（%）	≤1.0
隔墙用板的断裂荷载（横向）（N）	≥180
防潮板的受潮挠度（mm）	≤3.0

3.2.6 硅酸钙板

执行标准：硅酸钙板应符合《纤维增强硅酸钙板　第1部分：无石棉硅酸钙板》JC/T 564.1—2018的规定。

该标准适用于作为建筑物内墙板、外墙板、吊顶板、车厢、海上建筑、船舶内隔板及复合保温板面板等有防火、隔热、防潮等要求的无石棉硅酸钙板，也可适用于家装等其他用途的无石棉硅酸钙板。该标准对与表面涂层的相关性能没有涉及，可以根据使用需求，参照其他类型的材料规定其性能指标。

主要性能指标：该标准按用途分为A类、B类、C类，其中B类适用于长期可能承受热、潮湿和非经常性的霜冻等环境，如地下设施等；C类适用于室内使用。按冲击强度分为C1级、C2级、C3级、C4级、C5级。

该标准规定了B类板材吸水率、湿涨率、不燃性、抗冻性等主要物理性能和干挂耐撞击性能，C类板材湿涨率和不燃性。硅酸钙板主要性能见表3-16，干挂耐撞击性能见表3-17。

《纤维增强硅酸钙板　第1部分：无石棉硅酸钙板》JC/T 564.1—2018 主要性能　　表 3-16

项目		B类	C类
吸水率（%）		≤45	—
湿涨率（%）		≤0.25	
不燃性		现行国家标准《建筑材料及制品燃烧性能分级》GB 8624 不燃性 A 级	
抗冻性	抗冻性能	25 次冻融循环，不得出现破裂、分层	—
	抗折强度比率（%）	≥70	

《纤维增强硅酸钙板　第1部分：无石棉硅酸钙板》JC/T 564.1—2018 干挂耐撞击性能　　表 3-17

强度等级	抗冲击强度（kJ/m^2）	抗冲击性
	板厚度≤14mm	板厚度＞14mm
C1	≥1.0	落球法试验冲击 1 次，板面无贯通裂纹
C2	≥1.4	
C3	≥1.8	
C4	≥2.2	
C5	≥2.6	

注：抗冲击性的钢球重量 1000g，板材厚度＜16mm 落球高度为 110cm，板材厚度≥16mm 且＜20mm 落球高度为 140cm，板材厚度≥20mm 落球高度为 170cm。

3.2.7　硫氧镁板

硫氧镁板目前没有相应的国家标准，通常执行标准为《建筑用菱镁装饰板》JG/T 414—2013。

该标准适用于室内装饰装修工程，不适用于长期处于潮湿的场所。

主要性能指标：该标准将菱镁装饰板分为普通菱镁装饰板、贴面菱镁装饰板和涂饰菱镁装饰板，并规定了抗返卤性、吸水率、含水率、干缩率、湿涨率、氯离子溶出量、表面耐干热、表面耐污染、表面耐龟裂、受潮挠度、放射性限量和游离甲醛释放量等环保性能、燃烧性能等级等主要性能，硫氧镁板主要性能见表 3-18。

《建筑用菱镁装饰板》JG/T 414—2013 主要物理性能　　表 3-18

项目			技术要求		
			普通菱镁装饰板	贴面菱镁装饰板	涂饰菱镁装饰板
抗返卤性			无返潮、无集结水珠		
吸水率（%）			≤25.0	≤20.0	≤15.0
含水率（%）			≤8.0	≤12.0	≤8.0
干缩率（%）			≤0.3		
湿涨率（%）			≤0.6		
氯离子溶出量（%）			≤1.5		
表面耐干热			无龟裂、无鼓泡		
表面耐污染			无污染和腐蚀痕迹		
表面耐龟裂（级）			0～1		
受潮挠度（mm）			≤1.0		
环保性能	放射性限量	内照射指数	≤0.3		
		外照射指数	≤0.5		

续表

项目			技术要求		
			普通菱镁装饰板	贴面菱镁装饰板	涂饰菱镁装饰板
环保性能	游离甲醛释放量	气候箱法（mg/m^3）	—	≤0.08	
		干燥器法（mg/L）	—	≤1.0	
燃烧性能等级			A1	B_1	A2

注：板材厚度≤6mm时不进行受潮挠度的测定。

另外，也可参照《玻镁平板》GB/T 33544—2017。

3.2.8 大理石、花岗石等石材

执行标准：大理石应符合《天然大理石建筑板材》GB/T 19766—2016的规定，花岗石应符合《天然花岗石建筑板材》GB/T 18601—2009的规定。

《天然大理石建筑板材》GB/T 19766—2016适用于建筑装饰用天然大理石板材。《天然花岗石建筑板材》GB/T 18601—2009适用于建筑装饰用天然花岗石板材。

主要性能指标：《天然大理石建筑板材》GB/T 19766—2016规定了方解石大理石吸水率≤0.50%，白云石吸水率≤0.50%，蛇纹石大理石吸水率≤0.60%。《天然花岗石建筑板材》GB/T 18601—2009规定了一般用途吸水率≤0.60%，功能用途吸水率≤0.40%，放射性应符合现行国家标准《建筑材料放射性核素限量》GB 6566的规定。

其他类型石材，如超薄石材应符合《超薄石材复合板》GB/T 29059—2012的规定，干挂饰面石材应符合《干挂饰面石材》GB/T 32834—2016的规定，树脂型合成石板材应符合《树脂型合成石板材》GB/T 35157—2017的规定，石材蜂窝复合板应符合《建筑装饰用石材蜂窝复合板》JG/T 328—2011的规定。

3.2.9 陶瓷砖、陶瓷板、岩板

执行标准：陶瓷砖应符合《陶瓷砖》GB/T 4100—2015、《室内外陶瓷墙地砖通用技术要求》JG/T 484—2015的规定。陶瓷板应符合《陶瓷板》GB/T 23266—2009的规定。

《陶瓷砖》GB/T 4100—2015适用于由干压或挤压成型的陶瓷砖。该标准按吸水率和成型方法将陶瓷砖分为AⅠa类、AⅠb类、AⅡa、AⅡb、AⅢ、BⅠa类、BⅠb类、BⅡa、BⅡb、BⅢ类，并规定了陶瓷砖的吸水率、断裂模数、线性热膨胀系数、抗热震性、湿膨胀、抗冲击性能等主要物理性能和化学性能。陶瓷砖主要物理性能见表3-19，陶瓷砖主要化学性能见表3-20。

《陶瓷砖》GB/T 4100—2015主要物理性能　　表3-19

项目	要求									
	AⅠa	AⅠb	AⅡa	AⅡb	AⅢ	BⅠa	BⅠb	BⅡa	BⅡb	BⅢ
吸水率 E（%）	平均值 E≤0.5，单值≤0.6	平均值 0.5<E≤3，单值≤3.3	平均值 3.0<E≤6.0，单值≤6.5	平均值 6<E≤10，单值≤11	平均值 E>10	平均值 E≤0.5，单值≤0.6	平均值 0.5<E≤3，单值≤3.3	平均值 3.0<E≤6.0，单值≤6.5	平均值 6<E≤10，单值≤11	平均值 E>10，单值>9

续表

项目	要求									
	AⅠa	AⅠb	AⅡa	AⅡb	AⅢ	BⅠa	BⅠb	BⅡa	BⅡb	BⅢ
断裂模数（MPa）	平均值≥28，单个值≥21	平均值≥23，单个值≥18	平均值≥20，单个值≥18	平均值≥17.5，单个值≥15	平均值≥8，单个值≥7	平均值≥35，单个值≥32	平均值≥30，单个值≥27	平均值≥22，单个值≥20	平均值≥18，单个值≥16	平均值≥15，单个值≥12
线性热膨胀系数	按现行国家标准《陶瓷砖试验方法　第8部分：线性热膨胀的测定》GB/T 3810.8测试									
抗热震性	按现行国家标准《陶瓷砖试验方法　第9部分：抗热震性的测定》GB/T 3810.9测试									
湿膨胀	按现行国家标准《陶瓷砖试验方法　第10部分：湿膨胀的测定》GB/T 3810.10测试									
抗冲击性	按现行国家标准《陶瓷砖试验方法　第5部分：用恢复系数确定砖的抗冲击性》GB/T 3810.5测试									

注：1. 断裂模数不适用于破坏强度≥3000N的砖；
2. 线性热膨胀系数试验从环境温度到100℃；
3. 线性热膨胀系数、抗热震性、湿膨胀和抗冲击性是否进行测试，见该标准附录Q。

《陶瓷砖》GB/T 4100—2015 主要化学性能　　表3-20

项目		要求
耐污染性（级）	有釉	≥3
	无釉	按现行国家标准《陶瓷砖试验方法　第14部分：耐污染性的测定》GB/T 3810.14测试
耐低浓度酸和碱化学腐蚀性		制造商应报告耐化学腐蚀等级
耐高浓度酸和碱化学腐蚀性		按现行国家标准《陶瓷砖试验方法　第13部分：耐化学腐蚀性的测定》GB/T 3810.13测试
耐家庭化学试剂和游泳池盐类化学腐蚀性（级）		有釉：≥GB，无釉：≥UB
铅和镉的溶出量		按现行国家标准《陶瓷砖试验方法　第15部分：有釉砖铅和镉溶出量的测定》GB/T 3810.15测试

注：1. BⅢ类耐污染性、耐家庭化学试剂和游泳池盐类化学腐蚀性只考察有釉砖；
2. 无釉砖耐污染性、耐高浓度酸和碱化学腐蚀性、铅和镉的溶出量是否进行测试，见该标准附录Q。

《室内外陶瓷墙地砖通用技术要求》JG/T 484—2015适用于以胶粘剂粘贴的陶瓷墙地砖，不适用于水泥砂浆粘贴的陶瓷墙地砖。该标准按适用气候区对吸水率进行了规定，并规定了断裂模数、粘结性、湿膨胀、耐污染性、耐化学腐蚀性、有釉砖铅和镉溶出量限量和放射性等性能，其中抗热震性为室外陶瓷地砖的性能，《指南》认为室内墙面在厨房环境使用时也应考虑。陶瓷砖吸水率见表3-21，其他的主要性能见表3-22。

《室内外陶瓷墙地砖通用技术要求》JG/T 484—2015 吸水率　　表3-21

项目		适用气候区		
		Ⅰ、Ⅵ、Ⅶ	Ⅱ	Ⅲ、Ⅳ、Ⅴ
室内墙砖吸水率（%）	$E \leqslant 0.5$	√	√	√
	$0.5 < E \leqslant 3$	√	√	√
	$3 < E \leqslant 6$	√	√	√
	$6 < E \leqslant 10$	√	√	√
	$10 < E \leqslant 20$	√	√	√

注：1. 气候区划分按《建筑气候区划标准》GB 50178—93的规定执行；
2. √表示允许。

《室内外陶瓷墙地砖通用技术要求》JG/T 484—2015 主要性能　　表 3-22

<table>
<tr><th colspan="3">项目</th><th>要求</th></tr>
<tr><td colspan="3">断裂模数（MPa）</td><td>≥15</td></tr>
<tr><td colspan="3">粘结性</td><td>吸水率小于或等于 0.5%的室内墙砖
拉伸粘结原强度不应小于 0.6MPa</td></tr>
<tr><td colspan="3">湿膨胀（mm/m）</td><td>≤0.6</td></tr>
<tr><td colspan="2" rowspan="2">耐污染性</td><td>有釉砖</td><td>不宜低于 4 级</td></tr>
<tr><td>无釉砖</td><td>不宜低于 3 级</td></tr>
<tr><td rowspan="5">耐化学
腐蚀性</td><td rowspan="2">耐低浓度酸和碱</td><td>有釉砖</td><td>不低于 GLB</td></tr>
<tr><td>无釉砖</td><td>不低于 ULB</td></tr>
<tr><td>耐高浓度酸和碱</td><td>在有可能受腐蚀环境下使用时</td><td>耐腐蚀性等级由供需双方商定</td></tr>
<tr><td rowspan="2">耐家庭化学试剂
和游泳池盐类</td><td>有釉砖（级）</td><td>不低于 GB</td></tr>
<tr><td>无釉砖（级）</td><td>不低于 UB</td></tr>
<tr><td colspan="2" rowspan="2">有釉砖铅和镉的溶
出量（mg/dm^2）</td><td>铅</td><td>≤0.8</td></tr>
<tr><td>镉</td><td>≤0.07</td></tr>
<tr><td colspan="3">放射性核素限量</td><td>符合现行国家标准《建筑材料放射性
核素限量》GB 6566 的规定</td></tr>
</table>

注：1. 潮湿环境时应检测湿膨胀；
2. 无釉砖耐污染性可在无磨损或磨损后进行；
3. 腐蚀环境使用时应检测耐化学腐蚀性；
4. 有可能接触到食品的墙面应检测铅和镉的溶出量。

《陶瓷板》GB/T 23266—2009 适用于建筑物室内外墙地面装饰用陶瓷板。该标准规定了吸水率、断裂模数、抗热震性、耐化学腐蚀性、耐污染性、釉面铅和镉的溶出量、放射性核素限量等主要性能，陶瓷板主要性能见表 3-23。

《陶瓷板》GB/T 23266—2009 主要性能　　表 3-23

<table>
<tr><th colspan="4">项目</th><th>要求</th></tr>
<tr><td colspan="2" rowspan="3">吸水率 E（%）</td><td colspan="2">瓷质板</td><td>E≤0.5，单值 E≤0.6</td></tr>
<tr><td colspan="2">炻质板</td><td>0.5<E≤10，单值 E≤11.0</td></tr>
<tr><td colspan="2">陶质板</td><td>E>10.0，单值 E>9.0</td></tr>
<tr><td colspan="2" rowspan="4">断裂模数（MPa）</td><td colspan="2">瓷质板</td><td>平均值≥45，单质≥40</td></tr>
<tr><td colspan="2">炻质板</td><td>平均值≥40，单质≥35</td></tr>
<tr><td rowspan="2">陶质板</td><td>厚度≥4.0mm</td><td>平均值≥40，单质≥35</td></tr>
<tr><td>厚度<4.0mm</td><td>平均值≥30，单质≥25</td></tr>
<tr><td colspan="4">抗热震性</td><td>无裂纹或剥落</td></tr>
<tr><td rowspan="4">耐
化
学
腐
蚀
性</td><td rowspan="2">耐家庭化学试剂和
游泳池盐类</td><td colspan="2">有釉（级）</td><td>≥GB</td></tr>
<tr><td colspan="2">无釉（级）</td><td>≥UB</td></tr>
<tr><td colspan="3">耐低浓度酸和碱</td><td>制造商应报告产品耐低浓度酸和碱耐化学腐蚀性的级别</td></tr>
<tr><td>耐高浓度酸和碱</td><td colspan="2">在有可能受腐蚀环境下使用时</td><td>应进行耐高浓度酸和碱的耐化学腐蚀性试验，并报告结果</td></tr>
<tr><td colspan="2" rowspan="2">耐污染性</td><td colspan="2">有釉（级）</td><td>≥3</td></tr>
<tr><td colspan="2">无釉</td><td>报告耐污染性报告等级</td></tr>
<tr><td colspan="4">釉面铅和镉的溶出量</td><td>报告釉面铅和镉的表面溶出量</td></tr>
<tr><td colspan="4">放射性核素限量</td><td>符合现行国家标准《建筑材料放射性
核素限量》GB 6566 的规定</td></tr>
</table>

注：釉面铅和镉的溶出量适用于有釉陶瓷板用于加工食品的工作台面或墙面，且釉面与食品有可能接触的场所。

《建筑装配式集成墙面》JG/T 579—2021适用于陶瓷集成墙面板等制备的室内装饰装修用装配式集成墙面，该标准规定了陶瓷集成墙面板吸水率、抗冲击性、耐污染性、燃烧性能、耐撞击性能、可溶性重金属、放射性核素限量、甲醛释放量、总挥发性有机化合物等主要性能，见表3-24。

《建筑装配式集成墙面》JG/T 579—2021 陶瓷集成墙面主要性能　　表3-24

项目		要求
吸水率（%）		≤0.5
抗冲击性（10J）		冲击破坏点个数小于4个
耐污染性能（级）		≥2
耐撞击性能（集成墙面板、墙面板间拼缝）		经撞击试验后无明显变形及破坏
燃烧性能（级）		≥B_1
可溶性重金属（mg/kg）	可溶性铅含量	≤20
	可溶性镉含量	≤5
放射性核素限量	内照射指数	≤0.9
	外照射指数	≤1.2
甲醛释放量（mg/m^3）		≤0.124
总挥发性有机化合物（TVOC）[mg/(m^2·h)](72h)		≤0.50

岩板目前尚无相应国家标准和行业标准。

3.2.10　玻璃

执行标准：玻璃应符合《平板玻璃》GB 11614—2022、《建筑用安全玻璃　第2部分：钢化玻璃》GB 15763.2—2005、《建筑用安全玻璃　第3部分：夹层玻璃》GB 15763.3—2009、《建筑用安全玻璃　第4部分：均质钢化玻璃》GB 15763.4—2009的规定。

主要性能指标：《平板玻璃》GB 11614—2022规定了外观质量、弯曲度、虹彩、光学性能等性能。《建筑用安全玻璃　第2部分：钢化玻璃》GB 15763.2—2005规定了抗冲击性、碎片状态、霰弹袋冲击性能等安全性能。《建筑用安全玻璃　第3部分：夹层玻璃》GB 15763.3—2009规定了落球冲击剥离性能、霰弹袋冲击性能等安全性能。《建筑用安全玻璃　第4部分：均质钢化玻璃》GB 15763.4—2009规定了抗冲击性、碎片状态、霰弹袋冲击性能等安全性能。建筑用安全玻璃的安全性能见表3-25。

建筑用安全玻璃的安全性能　　表3-25

玻璃种类	抗冲击性	碎片状态	落球冲击剥离性能	霰弹袋冲击性能
钢化玻璃	6块样品，不超过1块合格，多于等于3块不合格。破坏数为2块时，另取6块进行试验，试样必须全部合格，不被破坏为合格	4块样品，50mm×50mm区域内，平面钢化玻璃厚度3mm，碎片不超过30片，4～12mm，碎片不超过40片，厚度大于15mm，碎片不超过30片；曲面钢化玻璃，厚度大于4mm，碎片不超过30片。允许有少量长条形碎片，其长度不超过75mm	—	4块样品，玻璃破碎时每块试样的最大10块碎片质量综合不超过试样65cm^2面积的质量，保留在框内的任务无贯穿裂纹的玻璃碎片长度不超过120mm或霰弹袋下落高度为1200mm试样不破坏

续表

玻璃种类	抗冲击性	碎片状态	落球冲击剥离性能	霰弹袋冲击性能
夹层玻璃	—	—	试验后中间层不得断裂、不得因碎片玻璃而暴露	每一冲击高度试验后试样均应未破坏和/或安全破坏
均质钢化玻璃	同钢化玻璃	同钢化玻璃	—	同钢化玻璃

注：夹层玻璃的安全破坏应符合《建筑用安全玻璃　第3部分：夹层玻璃》GB 15763.3—2009的有关规定。

3.2.11　竹（木）纤维板、木塑装饰板

竹（木）纤维板目前没有专用产品标准，通常执行标准为《建筑装配式集成墙面》JG/T 579—2021。

该标准规定了竹（木）塑集成墙面板尺寸稳定性、吸水厚度膨胀率、表面耐划痕性能、维卡软化温度、耐人工气候老化、涂饰饰面竹（木）塑集成墙面板附着力、覆膜饰面竹（木）塑集成墙面板剥离力、耐污染性能、耐撞击性能、燃烧性能等主要性能和有害物质限量，竹（木）塑集成墙面板主要理化性能见表3-26，有害物质限量见表3-27。

《建筑装配式集成墙面》JG/T 579—2021竹（木）塑集成墙面板主要理化性能　　表3-26

项目		要求
尺寸稳定性（%）		≤0.75
吸水厚度膨胀率（%）	实心板	≤0.4
	空心板	≤0.5
表面耐划痕性能		试件表面无大于90%的连续划痕
维卡软化温度（℃）		≥70
附着力（级）		0
剥离力（N）		≥40
耐撞击性能（集成墙面板、墙面板间拼缝）		经撞击试验后无明显变形及破坏
燃烧性能（级）		B_1
耐污染性能（级）		≤2
耐人工气候老化	外观	无开裂、无脱落、无鼓泡
	耐光色牢度（灰色样卡）（级）	≥3

注：1. 附着力适用于涂饰饰面竹（木）塑集成墙面板；
2. 剥离力适用于覆膜饰面竹（木）塑集成墙面板。

《建筑装配式集成墙面》JG/T 579—2021竹（木）塑集成墙面板有害物质限量　　表3-27

项目		要求
氯乙烯单体（mg/kg）		≤5
甲醛释放量（mg/m^3）		≤0.124
总挥发性有机化合物TVOC [$mg/(m^2 \cdot h)$](72h)		≤0.50
重金属含量（mg/kg）	铅	≤1000
	镉	≤100
	六价铬	≤1000
	汞	≤1000

木塑装饰墙板应符合《木塑装饰板》GB/T 24137—2009、《建筑装饰用木质挂板通用技术条件》JG/T 569—2019 的规定。

《木塑装饰板》GB/T 24137—2009 适用于通过各种工艺加工而成的室内外装饰用木塑板材和装饰线条类。该标准规定了木塑装饰墙板含水率、尺寸稳定性、吸水厚度膨胀率、PVC 薄膜饰面木塑装饰板剥离力、浸渍胶膜纸饰面木塑装饰板表面胶合强度、表面涂饰木塑装饰板漆膜附着力等主要物理性能要求和有害物质限量。木塑装饰墙板主要物理性能见表 3-28，有害物质限量见表 3-29。

《木塑装饰板》GB/T 24137—2009 主要物理性能　　表 3-28

项目	要求
含水率（%）	≤2.0
尺寸稳定性（%）	≤1.5
吸水厚度膨胀率（%）	≤0.5
剥离力（N）	≥40
表面胶合强度（MPa）	≥0.6
漆膜附着力（级）	≤3

注：剥离力适用于 PVC 薄膜饰面木塑装饰板，表面胶合强度适用于浸渍胶膜纸饰面木塑装饰板，漆膜附着力适用于表面涂饰木塑装饰板。

《木塑装饰板》GB/T 24137—2009 有害物质限量　　表 3-29

项目		要求
甲醛释放量（mg/L）		E_0 级：≤0.5
		E_1 级：≤1.5
重金属含量（mg/kg）	可溶性铅	≤90
	可溶性镉	≤75
	可溶性铬	≤60
	可溶性汞	≤60

《建筑装饰用木质挂板通用技术条件》JG/T 569—2019 适用于建筑室内外装饰用木质挂板。

该标准规定了室内用木塑挂板含水率、抗冲击性能，表面涂饰挂板漆膜附着力、漆膜硬度及可溶性重金属含量、甲醛释放量、吸水厚度膨胀率，聚氯乙烯薄膜饰面木塑挂板耐剥离力，浸渍胶膜纸饰面木塑挂板表面胶合强度、尺寸稳定性、表面耐污染腐蚀等主要性能。室内木塑挂板主要性能见表 3-30。

《建筑装饰用木质挂板通用技术条件》JG/T 569—2019 室内木塑挂板主要性能　表 3-30

项目	指标
含水率（%）	≤2.0
抗冲击性能	凹坑直径不大于 10.0mm，无裂纹、无覆盖层或漆膜脱落
漆膜附着力（级）	≤3

续表

项目	指标
漆膜硬度	≥H
甲醛释放量	符合现行国家标准《室内装饰装修材料　人造板及其制品中甲醛释放限量》GB 18580 规定
可溶性重金属含量	符合现行国家标准《室内装饰装修材料　木家具中有害物质限量》GB 18584 规定
吸水厚度膨胀率（%）	≤0.5
耐剥离力（N）	最小值不小于40，平均值不小于45
表面胶合强度（MPa）	≥0.60
尺寸稳定性（%）	≤1.5
表面耐污染腐蚀	无污染、无腐蚀

注：漆膜附着力、漆膜硬度、可溶性重金属含量仅对表面涂饰挂板进行检测，耐剥离力仅对聚氯乙烯薄膜饰面木塑挂板检测，表面胶合强度仅对浸渍胶膜纸饰面木塑挂板检测。

3.2.12 木质挂板

执行标准：木质挂板应符合《建筑装饰用木质挂板通用技术条件》JG/T 569—2019的规定。

该标准适用于建筑室内外装饰用木质挂板。该标准将木质挂板按材料分为实木挂板、改性木挂板、重组材挂板、木塑挂板、木质人造板挂板、集成材挂板，其主要性能见表3-31。

《建筑装饰用木质挂板通用技术条件》JG/T 569—2019主要性能　　表3-31

项目	指标			
	实木挂板、改性木挂板	重组材挂板	木质人造板挂板	集成材挂板
含水率（%）	不大于我国各使用地区的木材平衡含水率	6.0～15.0	不大于我国各使用地区的木材平衡含水率	不大于我国各使用地区的木材平衡含水率
抗冲击性能	凹坑直径不大于10.0mm，无裂纹、无覆盖层或漆膜脱落			
漆膜附着力（级）	≤3	≤2	≤2	≤2
漆膜硬度	≥H			
甲醛释放量	符合现行国家标准《室内装饰装修材料　人造板及其制品中甲醛释放限量》GB 18580 规定			
可溶性重金属含量	符合现行国家标准《室内装饰装修材料　木家具中有害物质限量》GB 18584 规定			
尺寸稳定性（%）	—	≤1.5	≤0.3	—
耐剥离力（N）	—	—	最小值不小于40，平均值不小于45	—
表面胶合强度（MPa）	—	—	≥0.4	—
吸水厚度膨胀率（%）	—	≤10.0	—	—
表面耐污染腐蚀	—	—	无污染、无腐蚀	—

续表

项目	指标			
	实木挂板、改性木挂板	重组材挂板	木质人造板挂板	集成材挂板
浸渍剥离（mm）	—	—	试件贴面胶层上的每一边剥离长度均不大于25mm	同一试件的两端断面剥离率为10%以下，且同一胶层剥离长度之和不得超过该胶层长度的1/3；集成材之间直接胶合的情况下，平均剥离率10%以下
表面耐划痕	—	—	≥1.5N，表面无整圈连续划痕	—
色泽稳定性	—	—	无开裂、鼓泡、裂纹和凹凸纹等缺陷，无变色及光泽变化	—

注：1. 漆膜附着力、漆膜硬度、可溶性重金属含量仅对表面涂饰挂板进行检测；
2. 实木挂板不检测甲醛释放量；
3. 浸渍剥离适用于基材为细木工板、胶合板的人造板类挂板。

其他类型木质挂板，如细木工板应符合《细木工板》GB/T 5849—2016 的规定，装饰单板贴面人造板应符合《装饰单板贴面人造板》GB/T 15104—2021 的规定。

3.2.13 聚氯乙烯发泡板

执行标准：聚氯乙烯发泡板应符合《硬质聚氯乙烯低发泡板材　第 2 部分：结皮发泡法》QB/T 2463.2—2018 和《硬质聚氯乙烯低发泡板材　第 3 部分：共挤出法》QB/T 2463.3—2018 的规定。

标准适用范围：《硬质聚氯乙烯低发泡板材　第 2 部分：结皮发泡法》QB/T 2463.2—2018 适用于采用结皮发泡法挤出工艺制成的硬质聚氯乙烯发泡板材。《硬质聚氯乙烯低发泡板材　第 3 部分：共挤出法》QB/T 2463.3—2018 适用于采用结皮发泡法挤出工艺制成的硬质聚氯乙烯发泡板材。

主要性能指标：这两本标准按表观密度分为 A 型、B 型、C 型，均规定了板材的维卡软化温度、加热尺寸变化率、吸水率、简支梁冲击强度、燃烧性能、有害物质限量等主要性能。聚氯乙烯结皮发泡板主要性能见表 3-32，聚氯乙烯共挤发泡板主要性能见表 3-33。

《硬质聚氯乙烯低发泡板材　第 2 部分：结皮发泡法》QB/T 2463.2—2018 主要性能　　表 3-32

项目		要求		
		A 型	B 型	C 型
维卡软化点（℃）		≥60	≥70	≥70
加热尺寸变化率（%）		±2	±2	±2
吸水率（%）		≤4	≤2	≤1
简支梁冲击强度（kJ/m^2）	纵向	≥10	≥12	≥20
	横向	≥7	≥9	≥16
燃烧性能		B_1		
有害物质限量		符合现行国家标准《塑料家具中有害物质限量》GB 28481 的规定		

《硬质聚氯乙烯低发泡板材 第3部分：共挤出法》QB/T 2463.3—2018主要性能 表3-33

项目		要求		
		A型	B型	C型
维卡软化温度（℃）		≥60	≥70	≥70
加热尺寸变化率（%）		±2	±2	±2
吸水率（%）		≤4	≤2	≤1
简支梁冲击强度（kJ/m^2）	纵向	≥8	≥12	≥15
	横向	≥6	≥10	≥12
燃烧性能		B_1		
有害物质限量		符合现行国家标准《塑料家具中有害物质限量》GB 28481的规定		

3.2.14 木丝水泥板

执行标准：木丝水泥板应符合《木丝水泥板》JG/T 357—2012的规定。

主要性能指标：该标准按产品密度分为Ⅰ型和Ⅱ型，并规定了吸水厚度膨胀率、抗弯承载力、干燥收缩值、燃烧性能、落锤冲击、放射性、甲醛含量等主要性能。木丝水泥板主要性能见表3-34。

《木丝水泥板》JG/T 357—2012主要性能 表3-34

项目	要求	
	Ⅰ型	Ⅱ型
吸水厚度膨胀率（%）	≤1	
抗弯承载力，板自重倍数	≥1.5	
干燥收缩值（mm/m）	≤1.5	≤1.8
燃烧性能（级）	B_1	
甲醛含量（mg/L）	≤0.1	
落锤冲击（1000g/m）	表面没有出现裂纹及明显的凹陷	
放射性	A类装修材料，内照射指数≤1.0，外照射指数≤1.3	

3.3 典型做法及相关标准

目前墙面产品的标准主要以不同材料作为分类，表3-35按照不同材料的主材、辅材列出相应产品常用执行标准以及典型做法，供工程参考。

验收方面，墙面产品应执行相关标准的规定，如《建筑装饰装修工程质量验收标准》GB 50210—2018规定了饰面板工程、饰面砖工程、涂饰工程的质量验收要求，《建筑用木塑复合板应用技术标准》JGJ/T 478—2019规定了室内装饰墙板的质量验收要求。

墙面主材、辅材常用执行标准和典型做法 表 3-35

类型	主材	辅材	典型做法
涂料	《合成树脂乳液内墙涂料》GB/T 9756—2018 《无机干粉建筑涂料》JG/T 445—2014	《预拌砂浆》GB/T 25181—2019 《抹灰石膏》GB/T 28627—2023 《建筑室内用腻子》JG/T 298—2010	涂料面层 腻子 基层墙（墙体和找平做法按工程设计）
墙纸墙布	《纺织面墙纸（布）》JG/T 510—2016	《壁纸胶粘剂》JC/T 548—2016 《预拌砂浆》GB/T 25181—2019 《抹灰石膏》GB/T 28627—2023 《建筑室内用腻子》JG/T 298—2010	贴壁纸、壁布 腻子 基层墙（墙体和找平做法按工程设计）
金属装饰板	《建筑装饰用铝单板》GB/T 23443—2009 《建筑装饰用搪瓷钢板》JG/T 234—2008 《建筑装饰用彩钢板》JG/T 516—2017 《建筑装配式集成墙面》JG/T 579—2021 《普通装饰用铝蜂窝复合板》JC/T 2113—2012	《建筑用轻钢龙骨》GB/T 11981—2008 《紧固件机械性能　螺栓、螺钉和螺柱》GB/T 3098.1—2010 《铝合金建筑型材　第 1 部分：基材》GB/T 5237.1—2017 《铝合金建筑型材　第 2 部分：阳极氧化型材》GB/T 5237.2—2017 《铝合金建筑型材　第 3 部分：电泳涂漆型材》GB/T 5237.3—2017 《混凝土用机械锚栓》JG/T 160—2017 《金属板用建筑密封胶》JC/T 884—2016	金属装饰板 金属龙骨 基层墙（墙体和找平做法按工程设计）
石膏板	《纸面石膏板》GB/T 9775—2008 《装饰石膏板》JC/T 799—2016 《装饰纸面石膏板》JC/T 997—2006	《粘结石膏》JC/T 1025—2007	装饰石膏板 粘结材料 基层墙（墙体和找平做法按工程设计）
		《建筑用轻钢龙骨》GB/T 11981—2008 《紧固件机械性能　螺栓、螺钉和螺柱》GB/T 3098.1—2010 《混凝土用机械锚栓》JG/T 160—2017	饰面层按工程设计 石膏板 钢龙骨 基层墙（墙体做法按工程设计）
硅酸钙板、硫氧镁板	《纤维增强硅酸钙板　第 1 部分：无石棉硅酸钙板》JC/T 564.1—2018 《建筑用菱镁装饰板》JG/T 414—2013	《建筑用轻钢龙骨》GB/T11981—2008 《紧固件机械性能　螺栓、螺钉和螺柱》GB/T 3098.1—2010 《混凝土用机械锚栓》JG/T 160—2017	硅酸钙板（非装饰硅酸钙板饰面按工程设计） 基层墙（墙体、金属龙骨做法按工程设计）

续表

类型	主材	辅材	典型做法
石材	《天然花岗石建筑板材》GB/T 18601—2009 《天然大理石建筑板材》GB/T 19766—2016 《超薄石材复合板》GB/T 29059—2012 《干挂饰面石材》GB/T 32834—2016 《树脂型合成石板材》GB/T 35157—2017 《建筑装饰用石材蜂窝复合板》JG/T 328—2011	《硅酮和改性硅酮建筑密封胶》GB/T 14683—2017 《石材用建筑密封胶》GB/T 23261—2009 《饰面石材用胶粘剂》GB/T 24264—2009 《干挂石材幕墙用环氧胶粘剂》JC 887—2001 《非结构承载用石材胶粘剂》JC/T 989—2016 《混凝土用机械锚栓》JG/T 160—2017 《碳素结构钢》GB/T 700—2006 《低合金高强度结构钢》GB/T 1591—2018	石材 粘结材料 钢龙骨、角钢等 基层墙（墙体及找平做法按工程设计）
		《碳素结构钢》GB/T 700—2006 《低合金高强度结构钢》GB/T 1591—2018 《紧固件机械性能　螺栓、螺钉和螺柱》GB/T 3098.1—2010 《铝合金建筑型材　第1部分：基材》GB/T 5237.1—2017 《铝合金建筑型材　第2部分：阳极氧化型材》GB/T 5237.2—2017 《铝合金建筑型材　第3部分：电泳涂漆型材》GB/T 5237.3—2017 《干挂饰面石材及其金属挂件　第2部分：金属挂件》JC/T 830.2—2005 《混凝土用机械锚栓》JG/T 160—2017	石材 连接件 支承龙骨、角钢等 基层墙（墙体做法按工程设计）
陶瓷砖/板	《陶瓷砖》GB/T 4100—2015 《陶瓷板》GB/T 23266—2009 《室内外陶瓷墙地砖通用技术要求》JG/T 484—2015 《建筑装配式集成墙面》JG/T 579—2021	《石材用建筑密封胶》GB/T 23261—2009 《陶瓷砖胶粘剂技术要求》GB/T 41059—2021 《陶瓷砖胶粘剂》JC/T 547—2017 《陶瓷砖填缝剂》JC/T 1004—2017	陶瓷砖/板 粘结层 基层墙（墙体及找平做法按工程设计）
玻璃	《平板玻璃》GB 11614—2022 《建筑用安全玻璃　第2部分：钢化玻璃》GB 15763.2—2005 《建筑用安全玻璃　第3部分：夹层玻璃》GB 15763.3—2009 《建筑用安全玻璃　第4部分：均质钢化玻璃》GB 15763.4—2009	《不锈钢冷轧钢板和钢带》GB/T 3280 《不锈钢棒》GB/T 1220—2007 《建筑玻璃点支承装置》《铝合金建筑型材　第1部分：基材》GB/T 5237.1—2017 《铝合金建筑型材　第2部分：阳极氧化型材》GB/T 5237.2—2017 《铝合金建筑型材　第3部分：电泳涂漆型材》GB/T 5237.3—2017 《硅酮和改性硅酮建筑密封胶》GB/T 14683—2017 《丙烯酸酯建筑密封胶》JC/T 484—2006	玻璃 挂件和边框 龙骨和固定件 基层墙

续表

类型	主材	辅材	典型做法
木质挂板	《细木工板》GB/T 5849—2016 《装饰单板贴面人造板》GB/T 15104—2021 《建筑装饰用木质挂板通用技术条件》JG/T 569—2019	《紧固件机械性能　螺栓、螺钉和螺柱》GB/T 3098.1—2010 《铝合金建筑型材　第1部分：基材》GB/T 5237.1—2017 《铝合金建筑型材　第2部分：阳极氧化型材》GB/T 5237.2—2017 《铝合金建筑型材　第3部分：电泳涂漆型材》GB/T 5237.3—2017	竹（木）纤维板/木塑装饰板/木质挂板 连接件 基层墙（墙体及找平做法按工程设计）
聚氯乙烯发泡板	《硬质聚氯乙烯低发泡板材　第2部分：结皮发泡法》QB/T 2463.2—2018 《硬质聚氯乙烯低发泡板材　第3部分：共挤出法》QB/T 2463.3—2018	《紧固件机械性能　螺栓、螺钉和螺柱》GB/T 3098.1—2010 《铝合金建筑型材　第1部分：基材》GB/T 5237.1—2017 《铝合金建筑型材　第2部分：阳极氧化型材》GB/T 5237.2—2017 《铝合金建筑型材　第3部分：电泳涂漆型材》GB/T 5237.3—2017 《硅酮和改性硅酮建筑密封胶》GB/T 14683—2017	聚氯乙烯发泡板、竹（木）纤维板、木塑装饰板 连接件 基层墙（墙体及找平做法按工程设计）
竹（木）纤维板	《建筑装配式集成墙面》JG/T 579—2021		
木塑装饰板	《木塑装饰板》GB/T 24137—2009 《建筑装饰用木质挂板通用技术条件》JG/T 569—2019		
木丝水泥板	《木丝水泥板》JG/T 357—2012	《建筑用轻钢龙骨》GB/T 11981—2008 《紧固件机械性能　螺栓、螺钉和螺柱》GB/T 3098.1—2010 《混凝土用机械锚栓》JG/T 160—2017 《铝合金建筑型材　第1部分：基材》GB/T 5237.1—2017 《铝合金建筑型材　第2部分：阳极氧化型材》GB/T 5237.2—2017 《铝合金建筑型材　第3部分：电泳涂漆型材》GB/T 5237.3—2017 《硅酮和改性硅酮建筑密封胶》GB/T 14683—2017	木丝水泥板 基层墙体（墙体及找平做法按工程设计）或龙骨 基层墙体（墙体做法按工程设计）

4 楼地面

建筑楼地面是建筑物的底层地面和楼层地面的总称。楼地面按照功能分类可分为普通楼地面和特种楼地面。特种楼地面主要包括防静电楼地面、耐磨和耐撞击楼地面、不发火楼地面、防油渗楼地面、防腐蚀楼地面、重载楼地面、隔声楼地面、供暖楼地面、架空楼地面等。本章内容主要涉及民用建筑领域的楼地面，故对于特种楼地面不作过多阐述。地面基层和找平、防水防潮、保温隔热等垫层的设计与具体工程设计关系较大，因此《指南》主要针对面层的选型和相关执行标准。

使用本章时的顺序和方法：

1）选择需要关注的功能和性能——参考 4.1；

2）根据选定的功能和性能选择匹配的产品——参考表 4-4；

3）查看具体的产品性能及执行标准——参考 4.2；

4）根据选择的做法查看相关的标准体系——参考 4.3。

4.1 设计要点

楼地面设计执行及参考的工程标准主要有：

《建筑环境通用规范》GB 55016—2021

《建筑地面设计规范》GB 50037—2013

《民用建筑隔声设计规范》GB 50118—2010

《建筑地面工程施工质量验收规范》GB 50209—2010

《建筑内部装修设计防火规范》GB 50222—2017

《环氧树脂自流平地面工程技术规范》GB/T 50589—2010

《民用建筑工程室内环境污染控制标准》GB 50325—2020

《自流平地面工程技术标准》JGJ/T 175—2018

《建筑地面工程防滑技术规程》JGJ/T 331—2014

建筑楼地面是建筑物的底层地面和楼层地面的总称。底层地面的基本构造层次为面层、垫层和基层；楼层地面的基本构造层次为面层、基层（楼板）。面层的主要作用是满足使用要求，基层的主要作用是承担面层传来的荷载。为满足找平、结合、防水、防潮、隔声、保温隔热、管线敷设等功能的要求，往往还要在基层与面层之间增加若干构造层，如在垫层、楼板或填充层上起抹平作用的找平层，面层与下面构造层之间的结合层，防止水透过面层渗入楼地面的防水层，防止地下潮气透过地面的防潮层，隔绝楼板噪声的隔声层，改变楼地面热工性能、起保温隔热作用的保温隔热层，敷设管线的管线敷设层等等。

在楼地面设计过程中，首先是根据功能考虑楼地面的隔声、保温等要求，确定是否需要进行供暖以及是否有架空的需求；其次，根据所在空间的功能要求和装饰效果确定面层材料的选型和性能。

楼地面按照功能分类可分为普通楼地面和特种楼地面。特种楼地面主要包括防静电楼地面、耐磨和耐撞击楼地面、不发火楼地面、防油渗楼地面、防腐蚀楼地面、重载楼地面、隔声楼地面、供暖楼地面、架空楼地面等。由于本节内容主要涉及民用建筑领域的楼地面，故对于特种楼地面不作过多阐述，目前关于防静电楼地面等特种楼地面的做法主要参照《建筑地面设计规范》GB 50037—2013 及《防静电活动地板通用规范》GB/T 36340—2018，见表 4-1。

特种楼地面设计与做法参考 **表 4-1**

特种楼地面类型	参考工程标准
清洁、洁净、防尘和防菌楼地面	《建筑地面设计规范》GB 50037—2013 第 3.3 节
防静电楼地面	《建筑地面设计规范》GB 50037—2013 第 3.4 节
耐磨和耐撞击楼地面	《建筑地面设计规范》GB 50037—2013 第 3.5 节
耐腐蚀楼地面	《建筑地面设计规范》GB 50037—2013 第 3.6 节
防油渗楼地面	《建筑地面设计规范》GB 50037—2013 第 3.7 节
其他特种楼地面（供暖、保温、隔声、不发火等）	《建筑地面设计规范》GB 50037—2013 第 3.8 节

注：防静电活动地面也应符合《防静电活动地板通用规范》GB/T 36340—2018 和《防静电贴面板通用技术规范》SJ/T 11236—2020 的要求。

近年来，对于楼地面供暖和隔声的需求逐渐增加，要求也逐步提高；另外，除了防静电地面这一类特殊地面以外，随着装配式建筑管线分离理念的推广，架空楼地面的应用范围也逐步增多，《民用建筑隔声设计规范》GB 50118—2010 对于楼板构件的隔声性能提出了要求，但未涉及构造做法的具体要求，而供暖楼地面和架空楼地面目前也尚未有相关国家或行业层面的标准进行规范❶。

4.1.1 环保性能

随着社会经济发展和生活水平的提升，人们对居住环境的品质要求逐渐提升，而品类、数量繁杂的产品叠加化工合成材料的使用，使得室内装饰装修造成的室内环境污染问题也愈发突出。比如《建筑环境通用规范》GB 55016—2021 中，对室内空气污染物浓度限量作出了规定，《民用建筑工程室内环境污染控制标准》GB 50325—2020 细化了装饰装修材料的分类，并对部分楼地面材料的污染物含量（释放量）进行限量规定，《室内地坪涂料中有害物质限量》GB 38468—2019 也专门针对涂装在水泥砂浆、混凝土、石材、塑胶或钢材等地坪基面上、对地面起装饰和防护作用以及特殊功能作用的各类室内用地坪涂料中的有害物质进行了限量规定，见表 4-2。

---

❶ 楼板的隔声包括对空气声和撞击声两种声的隔绝性能。其中，空气声隔声主要是楼板隔绝人说话的能力，撞击声隔声指的是楼板对楼上的脚步声、跑跳声、拖动物品的滑动声等因撞击发声的隔绝性能。一般来说，达到楼板的空气声隔声标准不难，因为目前常用的钢筋混凝土材料具有较好的隔绝空气声性能。但由于混凝土楼板刚性强，减振效果差，因此撞击声隔声很差，通常需要通过浮筑楼地面、架空地面等方式进行处理。

室内地坪涂料中有害物质限量　　表 4-2

项目		限量值		
		水性地坪涂料	溶剂型地坪涂料	无溶剂型地坪涂料
挥发性有机化合物（VOC）含量（g/L）		≤120	色漆：≤500； 清漆：≤120	≤60
苯、甲苯、乙苯和二甲苯总和（mg/kg）		≤300	—	
苯（%）		—	≤0.1	≤0.1
甲苯、乙苯和二甲苯总和（%）		—	≤20	≤1.0
乙二醇醚及醚酯总和（限乙二醇甲醚、乙二醇甲醚醋酸酯、乙二醇乙醚、乙二醇乙醚醋酸酯和二乙二醇丁醚醋酸酯）（mg/kg）		≤300		
甲醛（mg/kg）		≤100	—	
游离二异氰酸酯（TDI 和 HDI）总和（限以异氰酸酯作为固化剂的地坪涂料）（%）		≤0.2		
邻苯二甲酸酯类总和（以干膜计）（%）	邻苯二甲酸二异辛酯（DEHP）、邻苯二甲酸二丁酯（DBP）和邻苯二甲酸丁苄酯（BBP）总和	—	≤0.1	
	邻苯二甲酸二异壬酯（DINP）、邻苯二甲酸二异癸酯（DIDP）和邻苯二甲酸二辛酯（DNOP）总和	—	≤0.1	
可溶性重金属（限色漆）（mg/kg）	铅（Pb）	≤90		
	镉（Cd）	≤75		
	铬（Cr）	≤60		
	汞（Hg）	≤60		

4.1.2 防火性能

在建筑设计和使用过程中，需要根据材料、施工工艺、建筑结构等方面考虑楼地面的防火性能，以确保建筑整体的防火安全。《建筑内部装修设计防火规范》GB 50222—2017将装饰装修材料按其燃烧性能划分为四级：A（不燃性）、B_1（难燃性）、B_2（可燃性）、B_3（易燃性），并明确规定了各功能空间地面材料的燃烧性能要求。2022 年发布的全文强制性工程建设规范《建筑防火通用规范》GB 55037—2022 新增加了部分功能空间地面材料的燃烧性能等级要求。

4.1.3 防滑性能

建筑地面工程防滑面层应根据地面构造、材料性能、防滑要求、环境条件、施工工艺、工程特点和设计要求选用防滑地面材料。《建筑地面工程防滑技术规程》JGJ/T 331—2014 将地面的防滑安全等级分为四级，按照湿摩擦系数（*BPN*）、干摩擦系数（*COF*）将地面的防滑性能分别分成四个级别，并规定了以下地面应采用相应的等级，见表 4-3。

地面工程防滑性能要求 **表 4-3**

工程部位	防滑等级
坡道、无障碍步道等	A_w
楼梯踏步等	
建筑出口平台	B_w
室内潮湿路面（超市肉食部、菜市场、餐饮操作间等）	C_w
站台、踏步及防滑坡道等	A_d
室内游泳池、厕浴室、建筑出入口等	B_d
大厅、候机厅、候车厅、走廊、餐厅、通道、生产车间、电梯廊、门厅、室内平面防滑地面等（含工业、商业建筑）	C_d
室内普通地面	D_d

4.1.4 耐磨性能

耐磨性能，是指楼地面表面抵抗由摩擦、刮擦、剥离导致的表面损伤的能力。除了通行交通工具、拖行重物、承受严重撞击的地面以外，在民用建筑室内，不同类型的地面也有不同的耐磨要求，如人流密集的交通建筑对耐磨等级的要求更高。在设计中，不同的功能和场景对于耐磨性的等级要求不同。不同产品的标准中虽然都采用“耐磨性”指标来衡量，但各产品的测试方法不同，如无釉陶瓷地砖/板采用的是耐磨深度测定法，有釉陶瓷地砖/板采用的是表面耐磨性测定法，聚氯乙烯地板（PVC 地板）采用的是椅子脚轮试验，而地坪涂料采用的则是旋转橡胶砂轮法。此外，木地板的漆膜硬度、表面耐划痕性能，地坪涂料的硬度（包括邵氏硬度、铅笔硬度）和耐划伤性在一定程度上也能作为表征耐磨性的指标。

4.1.5 耐变形性能

耐变形，是指楼地面在受到负载、外力作用或环境影响下，能够保持形状、结构和性能的能力。与墙面一样，楼地面材料受到各种压力或温湿度变化时，可能会产生一定的变形，尤其是木质类，湿度较大时会因为变形引起起拱。在常用楼地面材料的产品标准中，耐变形指标对于无机块材类、木地板类和弹性地板类较为重要，如陶瓷砖一般采用吸水率、线性膨胀系数进行表征，木地板采用含水率、表面耐冷热循环性能、尺寸稳定性、表面耐干热性能、表面耐湿热性能进行表征，而弹性地板类则用加热尺寸变化、加热翘曲、残余凹陷、抗弯曲性能来表征。

4.1.6 耐腐蚀性能

耐腐蚀，是指楼地面材料在接触到各种腐蚀性介质，如酸、碱、盐或特定化学物质时，能够保持稳定其结构完整性和性能稳定性的能力。耐腐蚀是楼地面一个重要的性能指标，尤其对于一些特殊场景的楼地面，如厨房、餐厅、实验室等，由于使用环境要求，会经常承受酸、碱、盐以及其他有机溶剂的侵蚀。目前工程标准中对各功能空间地面材料应该承受的耐腐蚀程度没有明确的要求，设计师应考虑空间的功能，结合产品标准的指标进行耐腐蚀程度的规定。

4.1.7 其他性能

除了以上涉及的较为明确分类的指标外，楼地面的其他性能指标是从不同的角度综合衡量不同产品的性能。对于硬质无机材料，如陶瓷地砖、大理石、花岗石和水磨石，其他性能指标包括抗冲击性、破坏强度等指标；对于木质材料，其他性能指标包含耐龟裂性、耐香烟灼烧性和耐光色牢度等；对于弹性地板材料，其他性能指标包含抗弯曲性、撕裂强度、耐烟头灼烧和色牢度；对于地坪涂料，其他性能指标包含抗压强度、耐冲击性、耐人工气候老化性、抗热胎压痕性和耐水性；而在地面多层材料的应用中，由于各层之间可能会出现脱离或分离的现象，因此，耐剥离性能也是重要的指标之一，如实木复合地板的浸渍剥离性和漆膜附着力、非同质聚氯乙烯卷材的抗剥离力、合成纤维地毯的背衬剥离强力以及地坪涂料的拉伸粘结强度和附着力。

4.2 产品选型及相关标准

按照饰面材料种类，楼地面面层材料可分为无机块材面层、木地板面层、弹性地板面层、地毯和有机类地坪面层。在民用建筑中，常用的无机块材面层主要包括陶瓷地砖、大理石、花岗石、水磨石，木地板面层主要包括实木地板、复合木地板、强化木地板，弹性地板面层主要包括聚氯乙烯地板（PVC）和橡胶地板，有机类地坪面层主要包括环氧磨石和地坪涂料面层。

根据本章第4.1节饰面材料的性能分析（环保性能、防火性能、防滑性能、耐磨性能、耐变形性能、耐腐蚀性能、其他性能），对产品标准进行了梳理，《指南》将相关性能分类整理到表4-4中，供设计师查阅使用。

4.2.1 陶瓷地砖

陶瓷地砖用于楼地面装饰已有多年的历史，由于地砖花色、品种层出不穷，因此至今仍然是盛行的楼地面装饰材料之一。陶瓷地砖具有强度高、耐磨、花色品种繁多、施工速度快、造价适中等优点，被广泛应用于公共空间和居住空间。陶瓷地砖分为有釉和无釉两种。带釉的地砖有各种花色，不带釉的地砖保持砖体本色，朴素大方，自然质感强，适用于各种建筑的楼地面，是使用最多的材料之一。

执行标准：

《陶瓷砖》GB/T 4100—2015

《陶瓷板》GB/T 23266—2009

《防滑陶瓷砖》GB/T 35153—2017

《室内外陶瓷墙地砖通用技术要求》JG/T 484—2015

标准适用范围：

《陶瓷砖》GB/T 4100—2015 适用于由干压或挤压成型的陶瓷砖。《防滑陶瓷砖》GB/T 35153—2017 适用于具有一定防滑能力的建筑地面用陶瓷砖。《室内外陶瓷墙地砖通用技术要求》JG/T 484—2015 适用于以胶粘剂粘贴的陶瓷墙地砖。《陶瓷板》GB/T 23266—2009 适用于建筑物室内外墙地面装饰用陶瓷板。

楼地面选型因素与性能指标对照 表 4-4

面层材料类型	环保性	防滑性	耐磨性	耐变形	耐腐蚀	其他性能	标准名称
陶瓷地砖	有釉砖铅和镉的溶出量	摩擦系数	耐磨深度、表面耐磨性	吸水率、线性热膨胀系数	耐高/低浓度酸和碱化学腐蚀性、耐家庭化学试剂和游泳池盐类化学腐蚀性	耐污染性、破坏强度、抗冲击性	《陶瓷砖》GB/T 4100—2015
	有釉砖铅和镉的溶出量、放射性核素限量	摩擦系数	耐磨深度、表面耐磨性	吸水率	耐高/低浓度酸和碱化学腐蚀性、耐家庭化学试剂和游泳池盐类化学腐蚀性	耐污染性、破坏强度	《陶瓷板》GB/T 23266—2009
	铅和镉的溶出量	湿态静摩擦系数、湿态阻滑值	耐磨深度、表面耐磨性	吸水率、线性热膨胀系数	抗化学腐蚀性	耐污染性、抗冲击性	《防滑陶瓷砖》GB/T 35153—2017
	有釉砖铅和镉的溶出量、放射性核素限量	湿态防滑值、干态静摩擦系数	耐磨深度、表面耐磨性	暂无	耐高/低浓度酸和碱化学腐蚀性、耐家庭化学试剂和游泳池盐类化学腐蚀性	耐污染性、破坏强度	《室内外陶瓷墙地砖通用技术要求》JG/T 484—2015
大理石	放射性	暂无	耐磨性	吸水率	暂无	压缩强度、弯曲强度	《天然大理石建筑板材》GB/T 19766—2016
花岗石	放射性	暂无	耐磨性	吸水率	暂无	压缩强度、弯曲强度	《天然花岗石建筑板材》GB/T 18601—2009
水磨石	暂无	防滑等级	耐磨度	吸水率、线性热膨胀系数	暂无	耐污染性	《建筑装饰用水磨石》JC/T 507—2022
实木地板	重金属含量（可溶性铅、镉、铬、汞）	暂无	漆膜硬度、漆膜表面耐磨	含水率	暂无	漆膜表面耐污染	《实木地板　第1部分：技术要求》GB/T 15036.1—2018
实木复合地板	甲醛释放量、总挥发性有机化合物（TVOC）	暂无	漆膜硬度、漆膜表面耐磨	含水率	暂无	表面耐污染	《实木复合地板》GB/T 18103—2022
强化木地板	甲醛释放量	暂无	表面耐划痕性能、表面耐磨性能	含水率、表面耐冷热循环性能、尺寸稳定性、表面耐干热性能、表面耐湿热性能	暂无	表面耐污染性能、表面耐龟裂性能、表面耐香烟灼烧性能、耐光色牢度性能	《浸渍纸层压实木复合地板》GB/T 24507—2020

续表

面层材料类型	环保性	防滑性	耐磨性	耐变形	耐腐蚀	其他性能	标准名称
聚氯乙烯地板	有害物质限量	防滑性	椅子脚轮试验	加热尺寸变化、加热翘曲、残余凹陷	暂无	色牢度、耐污染性、弯曲性	《聚氯乙烯卷材地板 第1部分：非同质聚氯乙烯卷材地板》GB/T 11982.1—2015
	有害物质限量	防滑性	椅子脚轮试验、	纵横向加热尺寸变化率、加热翘曲、残余凹陷	暂无	色牢度、耐污染性、弯曲性	《聚氯乙烯卷材地板 第2部分：同质聚氯乙烯卷材地板》GB/T 11982.2—2015
	有害物质限量	暂无	脚轮耐磨	残余凹陷、加热尺寸变化率、加热翘曲、冷热翘曲	暂无	色牢度、耐污染性	《硬质聚氯乙烯地板》GB/T 34440—2017
	有害物质限量	防滑性	椅子脚轮试验	残余凹陷、加热尺寸变化率、加热翘曲、		抗冲击性、弯曲性、色牢度、耐污染性	《半硬质聚氯乙烯块状地板》GB/T 4085—2015
橡胶地板	有害物质限量（可溶性铅、可溶性镉，挥发物含量）	暂无	硬度（邵尔A）、相对体积磨耗量	残余凹陷度、尺寸稳定性	暂无	抗弯曲性能、撕裂强度、耐烟头灼烧、耐人造光色牢度	《橡塑铺地材料 第1部分：橡胶地板》HG/T 3747.1—2011
地毯（合成纤维地毯）	暂无	暂无	暂无	暂无	暂无	耐光色牢度、耐摩擦色牢度	《簇绒地毯》GB/T 11746—2008、《机织地毯》GB/T 14252—2008
环氧磨石	暂无	暂无	暂无	暂无	暂无	暂无	暂无相关国家、行业标准
地坪涂料	有害物质限量	干摩擦系数、湿摩擦系数	硬度、抗划伤性、耐磨性（旋转橡胶砂轮法）	涂层耐温变性	耐碱性、耐酸性、耐油性	抗压强度、耐冲击性、耐人工气候老化性、抗热胎压痕性、耐水性	《地坪涂装材料》GB/T 22374—2018
		暂无	邵氏硬度、耐磨性、铅笔硬度	暂无	耐化学性	抗冲击性、耐水性	《环氧树脂地面涂层材料》JC/T 1015—2006
		干摩擦系数	耐磨性、耐划伤性、铅笔硬度（擦伤）	暂无	耐碱性、耐酸性、耐油性、耐盐水性耐溶剂擦拭性	耐冲击性、耐人工气候老化性	《水性聚氨酯地坪》JC/T 2327—2015

主要性能指标：见表 4-5～表 4-8。

《陶瓷砖》GB/T 4100—2015 主要性能指标　　表 4-5

项目		指标									
		AⅠa	AⅠb	AⅡa	AⅡb	AⅢ	BⅠa	BⅠb	BⅡa	BⅡb	BⅢ
吸水率 E（%）	平均值	$E\leqslant 0.5$	$0.5<E\leqslant 3$	$3<E\leqslant 6$	$6<E\leqslant 10$	$E>10$	$E\leqslant 0.5$	$0.5<E\leqslant 3$	$3<E\leqslant 6$	$6<E\leqslant 10$	$E>10$
	单个值	$E\leqslant 0.6$	$E\leqslant 3.3$	$E\leqslant 6.5$	$E\leqslant 11$	—	$E\leqslant 0.6$	$E\leqslant 3.3$	$E\leqslant 6.5$	$E\leqslant 11$	$E>9$
破坏强度（N）	厚度≥7.5mm	≥1300	≥1100	≥950	≥900	≥600	≥1300	≥1100	≥1000	≥800	≥600
	厚度<7.5mm	≥600	≥600	≥600			≥700	≥700	≥600	≥600	≥350
无釉砖耐磨损体积（mm^3）		≤275	≤275	≤393	≤649	≤2365	≤175	≤175	≤345	≤540	—
有釉砖表面耐磨性		参照现行国家标准《陶瓷砖试验方法　第 7 部分：有釉砖表面耐磨性的测定》GB/T 3810.7 试验									
线性热膨胀系数		参照现行国家标准《陶瓷砖试验方法　第 8 部分：线性热膨胀的测定》GB/T 3810.8 试验									
摩擦系数		单个值≥0.50									
抗冲击性		参照现行国家标准《陶瓷砖试验方法　第 5 部分：用恢复系数确定砖的抗冲击性》GB/T 3810.5 试验									
有釉砖耐污染性		最低 3 级									
无釉砖耐污染性		参照现行国家标准《陶瓷砖试验方法　第 14 部分：耐污染性的测定》GB/T 3810.14 试验									
耐低浓度酸和碱化学腐蚀性		应报告耐化学腐蚀性等级									
耐高浓度酸和碱化学腐蚀性		参照《陶瓷砖试验方法　第 13 部分：耐化学腐蚀性的测定》GB/T 3810.13—2006 中 4.3.2 试验									
耐家庭化学试剂和游泳池盐类化学腐蚀性		有釉砖不低于 GB 级									
		无釉砖不低于 UB 级									—
有釉砖铅和镉的溶出量		参照现行国家标准《陶瓷砖试验方法　第 15 部分：有釉砖铅和镉溶出量的测定》GB/T 3810.15 试验									

《陶瓷板》GB/T 23266—2009 主要性能要求　　表 4-6

项目		指标				
		瓷质板		炻质板	陶质板	
		厚度≥4.0mm	厚度<4.0mm		厚度≥4.0mm	厚度<4.0mm
吸水率 E（%）	平均值	$E\leqslant 0.5$		$0.5<E\leqslant 10.0$	$E>10.0$	
	单值	$E\leqslant 0.6$		$E\leqslant 11.0$	$E>9.0$	
破坏强度（N）		≥800	≥400	≥750	≥600	≥400
耐磨性	无釉	耐磨损体积≤150mm^3				
	有釉	表面耐磨性≥3 级（750r）				
摩擦系数		应报告摩擦系数和试验方法				

续表

项目		指标				
		瓷质板		炻质板	陶质板	
		厚度≥4.0mm	厚度<4.0mm		厚度≥4.0mm	厚度<4.0mm
耐家庭化学试剂和游泳池盐类化学腐蚀性	有釉砖	不低于 GB 级				
	无釉砖	不低于 UB 级				
耐高/低浓度酸和碱化学腐蚀性		应报告耐化学腐蚀性等级				
耐污染性	有釉	≥3 级				
	无釉	应报告耐污染性等级				
有釉砖铅和镉的溶出量		应报告铅和镉的表面溶出量				
放射性核素限量		应符合现行国家标准《建筑材料放射性核素限量》GB 6566 的要求				
防滑坡度		用于潮湿、赤足行走的浴室、更衣室、洗衣房和卫生间等地面时，陶瓷板的防滑坡度不小于 12°				

《防滑陶瓷砖》GB/T 35153—2017 主要性能要求　　表 4-7

项目	要求	
	有釉砖	无釉砖
耐污染性	≥4 级	≥3 级
耐磨性	≥3 级（750r）	符合《陶瓷砖》GB/T 4100—2015 的规定
防滑性	湿态静摩擦系数值>0.60、湿态阻滑值>35	
吸水率	符合《陶瓷砖》GB/T 4100—2015 的规定	
破坏强度		
线性热膨胀系数		
抗冲击性		
抗化学腐蚀性		
铅和镉的溶出量		

《室内外陶瓷墙地砖通用技术要求》JG/T 484—2015 主要性能要求　　表 4-8

项目		指标要求
破坏强度		≥600N
耐磨性	无釉砖	A 级≤540mm³ C 级≤345mm³ D 级≤175mm³
	有釉砖	A 级≥600r C 级≥2100r D 级≥6000r
防滑性	湿态	A_w：$BPN \geq 80$ C_w：$60 > BPN \geq 45$
	干态	A_d：$COF \geq 0.70$ B_d：$0.70 > COF \geq 0.60$ C_d：$0.60 > COF \geq 0.50$ D_d：$0.50 > COF \geq 0.40$

续表

项目		指标要求
耐污染性	有釉砖	≥4 级
	无釉砖	≥3 级
耐低浓度酸和碱化学腐蚀性	有釉砖	不低于 GLB 级
	无釉砖	不低于 ULB 级
耐高浓度酸和碱化学腐蚀性		由供需双方商定
耐家庭化学试剂和游泳池盐类化学腐蚀性	有釉砖	不低于 GB 级
	无釉砖	不低于 UB 级
有釉砖铅和镉的溶出量	铅（Pb）	≤0.8mg/dm^2
	镉（Cd）	≤0.07mg/dm^2
放射性		符合现行国家标准《建筑材料放射性核素限量》GB 6566 的规定

注：1. 耐磨性：A 级主要用于住宅等人流不多的室内地面，C 级主要用于写字楼等人流较多的室内外地面，D 级主要用于商场、超市等一般公共场所地面；
2. 防滑性：A_w 级主要用于坡道、无障碍步道、楼梯踏步、公交、地铁站台等，C_w 主要用于厨卫、超市、菜市场及潮湿气候区的室内潮湿地面等；A_d 主要用于站台、踏步及防滑坡道等，B_d 主要用于室内游泳池、厕浴室、建筑出入口等，C_d 主要用于大厅、候机厅、候车厅、走廊、餐厅、通道、电梯廊、门厅、室内平面防滑地面及工作场所等，D_d 主要用于室内普通地面。

4.2.2 大理石

天然大理石质感柔和、美观庄重、格调高雅，是装饰高档建筑的理想材料，但种类较多，化学稳定性一般，强度和耐磨性参差不齐。

执行标准：《天然大理石建筑板材》GB/T 19766—2016

标准适用范围：适用于建筑装饰用天然大理石建筑板材。

主要性能指标：见表 4-9。

《天然大理石建筑板材》GB/T 19766—2016 主要性能要求　　表 4-9

项目		技术指标		
		方解石大理石	白云石大理石	蛇纹石大理石
吸水率（%）		≤0.50	≤0.50	≤0.60
压缩强度（MPa）	干燥	≥52	≥52	≥70
	水饱和			
弯曲强度（MPa）	干燥	≥7.0	≥7.0	≥7.0
	水饱和			
耐磨性*（1/cm^3）		≥10	≥10	≥10
放射性		符合现行国家标准《建筑材料放射性核素限量》GB 6566 的规定		

注：* 仅适用于地面、楼梯踏步、台面等易磨损部位的大理石石材。

4.2.3 花岗石

天然花岗石结构致密、质地坚硬、密度大、强度等级高、耐磨性好、吸水率小、耐冻性强、使用寿命长；但自重大、硬度大、质脆。主要适用于宾馆、展厅、博物馆、商场、商务办公楼、机场等公共建筑高档装饰装修楼地面，以及高档别墅、商住楼等家居空间的楼地面。

执行标准：《天然花岗石建筑板材》GB/T 18601—2009

标准适用范围：适用于建筑装饰用的天然花岗石建筑板材。

主要性能指标：见表 4-10。

《天然花岗石建筑板材》GB/T 18601—2009 主要性能要求　　表 4-10

项目		技术指标	
		一般用途	功能用途
吸水率（%）		≤0.60	≤0.40
压缩强度（MPa）	干燥	≥100	≥131
	水饱和		
弯曲强度（MPa）	干燥	≥8.0	≥8.3
	水饱和		
耐磨性*（1/cm^3）		≥25	≥25
放射性		符合现行国家标准《建筑材料放射性核素限量》GB 6566 的规定	

注：* 使用在地面、楼梯踏步、台面等严重踩踏或磨损部位的花岗石石材应检验此项。

4.2.4 水磨石

水磨石板材是以水泥和碎石为主要原料，经成型、养护、研磨、抛光等工序制成的一种建筑装饰用人造石材。一般预制水磨石是以普通水泥混凝土为底层，以添加颜料的白水泥和彩色水泥与各种大理石粉末拌制的混凝土为面层所组成，适用于机场、教学楼、办公楼和医院等民用建筑。水磨石板材美观庄重、花色丰富、经济实用、强度高、荷载较大、施工方便。

执行标准：《建筑装饰用水磨石》JC/T 507—2022

标准适用范围：适用于预制水磨石产品。

主要性能指标：见表 4-11。

《建筑装饰用水磨石》JC/T 507—2022 主要性能要求　　表 4-11

项目		指标			
		普通水磨石	高性能水磨石	水泥人造石	高性能水泥人造石
吸水率（%）		≤8.0	≤6.0	≤4.0	≤1.0
线性热膨胀系数（℃$^{-1}$）		≤1.3×10^5			
应用性能	耐磨度	>1.5			
	防滑等级	符合现行国家标准《树脂型合成石板材》GB/T 35157 的要求或符合设计要求			
	耐污染性	符合设计要求			
	不发火性能	符合现行国家标准《建筑地面工程施工质量验收规范》GB 50209 的要求			

注：耐磨度试验采用滚珠轴承法（《混凝土及其制品耐磨性试验方法（滚珠轴承法）》GB/T 16925—1997）。

4.2.5 实木地板

实木地板适用于高级写字楼的贵宾接待室、会议室、多功能厅和观众厅等室内高档场所；也适用于住宅的客厅、卧室、书房等空间。实木地板脚感舒适，弹性好；其缺点在于硬度较差，易变形，价格相对较高。使用实木地板时要注意采取防蛀、防腐、防火和通风等措施。

执行标准：《实木地板　第1部分：技术要求》GB/T 15036.1—2018

标准适用范围：适用于未经拼接、覆贴的单块木材直接加工而成的地板。

主要性能指标：见表4-12。

《实木地板　第1部分：技术要求》GB/T 15036.1—2018主要性能要求　　表4-12

检验项目		优等品	合格品
含水率（%）		6.0≤含水率≤我国各使用地区的木材平衡含水率	
		同批地板试样间平均含水率最大值与最小值之差不得超过3.0，且同一板内含水率最大值与最小值之差不得超过2.5	
漆膜表面耐磨		≤0.08g/100r，且漆膜未磨透	≤0.12g/100r，且漆膜未磨透
漆膜附着力/级		≤1	≤3
漆膜硬度		≥H	
漆膜表面耐污染		无污染痕迹	
重金属含量（限色漆）（mg/kg）	可溶性铅	≤30	
	可溶性镉	≤25	
	可溶性铬	≤20	
	可溶性汞	≤20	

4.2.6 实木复合地板

实木复合地板的原材料为木材，保留了天然实木地板的优点。由于各层木材相互垂直减少了木材的涨缩率，因而变形小、不开裂。实木复合地板适用于高级写字楼和家居空间，不适用于卫生间、浴室等。

执行标准：《实木复合地板》GB/T 18103—2022

标准适用范围：适用于以实木拼板或单板为面板，以实木拼板、单板或胶合板为芯层或底层，经不同组合层压加工而成的地板。

主要性能指标：见表4-13。

《实木复合地板》GB/T 18103—2022主要性能要求　　表4-13

项目	要求
浸渍剥离	任一边任一胶层开胶的累计长度不超过该胶层长度的1/3
含水率（%）①	≥5.0，且小于或等于使用地木材平衡含水率
漆膜附着力②	≤2级
漆膜表面耐磨（g/100r）②	≤0.15，且漆膜未磨透

续表

项目	要求
漆膜硬度②	≥2H
表面耐污染②	≥4 级
甲醛释放量（mg/m³）	甲醛释放量应符合现行国家标准《室内装饰装修材料 人造板及其制品中甲醛释放限量》GB 18580 要求，分级按现行国家标准《人造板及其制品甲醛释放量分级》GB/T 39600 的规定执行
总挥发性有机化合物（TVOC）（mg/m³）	供需双方商定

注：① 使用地木材平衡含水率按《实木地板　第 1 部分：技术要求》GB/T 15036.1—2018 附录 A 的规定执行；
② 未涂饰实木复合地板和油饰面实木复合地板不测漆膜附着力、漆膜表面耐磨、漆膜硬度和表面耐污染。

4.2.7 强化木地板

强化木地板由耐磨层、装饰面层、芯层、防潮层胶合而成。强化木地板每边都有榫和槽，易于安装，并无须上漆打蜡，具有天然纹理质感，坚硬耐磨，容易清洁，适用范围同实木复合地板。

执行标准：《浸渍纸层压实木复合地板》GB/T 24507—2020

标准适用范围：适用于以一层或多层专用纸浸渍热固性氨基树脂，经干燥后铺装在胶合板基材正面，专用纸表面加耐磨层，基材背面可加平衡层，经热压、成型的地板。

主要性能指标：见表 4-14。

《浸渍纸层压实木复合地板》GB/T 24507—2020 主要性能要求　　表 4-14

项目	要求
浸渍剥离性能	每一边任一胶层开胶的累计长度不超过该胶层长度的 1/3（3mm 以下不计）
含水率（%）	6.0～14.0
表面耐冷热循环性能	无龟裂、无鼓泡
表面耐划痕性能	4.0N 表面装饰花纹未划破
尺寸稳定性（长度）（mm/m）	收缩率：≤1.2
	膨胀率：≤1.2
表面耐磨性能	耐磨Ⅰ级：≥6000
	耐磨Ⅱ级：≥4000
	耐磨Ⅲ级：≥2000
表面耐龟裂性能	5 级
表面耐香烟灼烧性能	5 级
表面耐干热性能	5 级
表面耐湿热性能	5 级
表面耐污染性能	5 级
耐光色牢度性能	≥灰度卡 4 级
甲醛释放量	符合现行国家标准《室内装饰装修材料　人造板及其制品中甲醛释放限量》GB 18580 的要求

4.2.8 聚氯乙烯地板

聚氯乙烯地板（PVC地板）是弹性地面中使用最广泛的材料，是以聚氯乙烯及共聚树脂为主要材料，加入填料、增塑剂、稳定剂、着色剂等辅料，经涂敷工艺或经压延、挤出或挤压工艺而制成的一种制品。产品根据各场所不同人流量定义不同使用等级，被广泛应用于医院、学校、写字楼、商场、交通、工业、住宅、体育馆等各个场所。PVC地板脚感舒适、不易沾尘、降噪、防滑、耐磨，还具有耐腐蚀性好、吸水性小、表面光滑、色彩图案多样、施工方便等特点，在欧美国家的家装领域也被广泛地采用。

执行标准：

《聚氯乙烯卷材地板　第1部分：非同质聚氯乙烯卷材地板》GB/T 11982.1—2015

《聚氯乙烯卷材地板　第2部分：同质聚氯乙烯卷材地板》GB/T 11982.2—2015

《硬质聚氯乙烯地板》GB/T 34440—2017

《半硬质聚氯乙烯块状地板》GB/T 4085—2015

《室内装饰装修材料 聚氯乙烯卷材地板中有害物质限量》GB 18586—2001

标准适用范围：

《聚氯乙烯卷材地板　第1部分：非同质聚氯乙烯卷材地板》GB/T 11982.1—2015适用于铺设在建筑物内地面的以聚氯乙烯树脂为主要原料的卷材地板；《聚氯乙烯卷材地板　第2部分：同质聚氯乙烯卷材地板》GB/T 11982.2—2015适用于以聚氯乙烯树脂和无机填料为主要原料，铺设于建筑物内地面的同质卷材地板；《硬质聚氯乙烯地板》GB/T 34440—2017适用于以聚氯乙烯树脂板材为主要原料，经表面层压用于室内地面铺设的地板。《半硬质聚氯乙烯块状地板》GB/T 4085—2015适用于以聚氯乙烯树脂为主要原料生产的用于建筑物内地面铺设的地板。《室内装饰装修材料 聚氯乙烯卷材地板中有害物质限量》GB 18586—2001适用于以聚氯乙烯树脂为主要原料的聚氯乙烯卷材地板。

主要性能指标：见表4-15～表4-21。

《聚氯乙烯卷材地板　第1部分：非同质聚氯乙烯卷材地板》GB/T 11982.1—2015主要性能要求　　**表4-15**

项目		指标
加热尺寸变化率（%）	纵向	≤0.40
	横向	
加热翘曲（mm）		≤8
色牢度（级）		≥6
有害物质限量		符合现行国家标准《室内装饰装修材料　聚氯乙烯卷材地板中有害物质限量》GB 18586的规定
耐污染性		报告检测结果
防滑性		报告检测结果

《聚氯乙烯卷材地板 第1部分：非同质聚氯乙烯卷材地板》GB/T 11982.1—2015 使用性能要求 **表4-16**

项目		使用等级							
		家用级				商业级			
		21	22	22+	23	31	32	33	34
抗剥离力*(N/50mm)	发泡型	—					平均值≥50 单个值≥40		
残余凹陷(mm)	致密型	≤0.10							
	发泡型	≤0.35					≤0.20		
弯曲性	致密型	所有试件无开裂							
椅子脚轮试验	致密型	无破坏							
	发泡型	—					无破坏		

注：* 当发泡型卷材地板的发泡层与其他层无法分离时，该试验项目不适用。

《聚氯乙烯卷材地板 第2部分：同质聚氯乙烯卷材地板》GB/T 11982.2—2015 主要性能要求 **表4-17**

项目	指标
纵横向加热尺寸变化率(%)	≤0.40
加热翘曲(mm)	≤4
弯曲性	无开裂
椅子脚轮试验*	无破坏
色牢度(级)	≥6
残余凹陷(mm)	≤0.1
有害物质限量	符合现行国家标准《室内装饰装修材料 聚氯乙烯卷材地板中有害物质限量》GB 18586 的规定
耐污染性	报告检测结果
防滑性	报告检测结果

注：* 仅使用等级32级及以上的同质卷材地板有此要求。

《硬质聚氯乙烯地板》GB/T 34440—2017 主要性能要求 **表4-18**

项目		指标
残余凹陷(mm)		$0.15<I_s\leqslant0.40$
色牢度(级)		≥6
剥离强度(N/50mm)	平均	≥75
	单个	≥70
脚轮耐磨*(r)		≥25000
防霉性(级)		≤1
耐污染		无污染、无腐蚀
加热尺寸变化率(%)		≤0.25
加热翘曲(mm)		≤2.0
冷热翘曲(mm)		≤2.0

注：* 仅使用等级32级及以上的地板有此要求。

《硬质聚氯乙烯地板》GB/T 34440—2017 有害物质要求　　表 4-19

项目	要求
甲醛释放量（mg/m^3）	≤0.124
氯乙烯单体（mg/kg）	≤5
可溶性铅（Pb）（mg/m^2）	≤20
可溶性镉（Cd）（mg/m^2）	≤20
总挥发物限量（g/m^2）	≤10
邻苯二甲酸二酯（DEHP）+邻苯二甲酸丁苄酯（BBP）+邻苯二甲酸二正丁酯（DBP）（%）	≤0.1
邻苯二甲酸二正辛酯（DNOP）+邻苯二甲酸二异癸酯（DIDP）+邻苯二甲酸二异壬酯（DINP）（%）	≤0.1

《半硬质聚氯乙烯块状地板》GB/T 4085—2015 主要性能要求　　表 4-20

项目	指标
加热尺寸变化率（%）	≤0.25
加热翘曲（mm）	≤2.0
抗冲击性	所有试件试验范围外无开裂
弯曲性	所有试件无开裂
残余凹陷（mm）	$0.15<I_R\leq0.40$
椅子脚轮试验	无破坏
色牢度（级）	≥6
有害物质限量	符合现行国家标准《室内装饰装修材料　聚氯乙烯卷材地板中有害物质限量》GB 18586 的规定
燃烧性能	报告检测结果
耐污染性	报告检测结果
防滑性	报告检测结果

《室内装饰装修材料　聚氯乙烯卷材地板中有害物质限量》
GB 18586—2001 有害物质限量的要求　　表 4-21

项目		指标
氯乙烯单体限量（mg/kg）		≤5
可溶性重金属限量（mg/m^2）		不得使用铅盐助剂，作为杂质，可溶性铅含量≤20；可溶性镉含量≤20
发泡类挥发物限量（g/m^2）	玻璃纤维基材	≤75
	其他基材	≤35
非发泡类挥发物限量（g/m^2）	玻璃纤维基材	≤40
	其他基材	≤10

石塑地板的核心材料通常由聚氯乙烯树脂和石粉混合而成，目前尚无专门针对石塑地板的标准，一般执行《硬质聚氯乙烯地板》GB/T 34440—2017。

4.2.9 橡胶地板

橡胶地板是以合成橡胶为主要原料，添加各种辅助材料，经特殊加工而成的一种铺地材料。适用于宾馆、饭店、商场、机场、地铁车厢、车站、展览大厅、实验室、体育场馆、图书馆、写字间、会议厅等地面。橡胶地板具备耐磨、耐油、抗静电、耐老化、阻燃、易清洗、施工方便等特点。

执行标准：《橡塑铺地材料　第1部分：橡胶地板》HG/T 3747.1—2011

标准适用范围：适用于以橡胶为主要原料生产的均质和非均质的浮雕面、光滑面室内用橡胶地板。

主要性能指标：见表4-22。

《橡塑铺地材料　第1部分：橡胶地板》HG/T 3747.1—2011主要性能要求　表4-22

项目		指标要求
硬度（邵尔A）（度）		≥75
撕裂强度（kN/m）		≥20
耐磨性能	相对体积磨耗量（mm^3）	≤250
抗弯曲性能（ϕ20mm）		无裂纹
残余凹陷度（mm）	试样厚度<3.0mm	≤0.20
	试样厚度≥3.0mm	≤0.25
尺寸稳定性（%）		±0.4
耐烟头灼烧		≥3级
耐人造光色牢度		≥3级
有害物质限量	可溶性铅含量（mg/m^2）	≤20
	可溶性镉含量（mg/m^2）	≤20
	挥发物含量（g/m^2）	≤50

4.2.10 地毯

地毯是对一切软性铺地织物的总称。地毯种类较多，按材质分为天然纤维地毯和合成纤维地毯。地毯具有吸声、隔声、抑尘等特点，弹性与保温性好，质地柔软，脚感舒适，色彩图案丰富。适用于宾馆、写字楼、住宅等楼地面。

执行标准：

《簇绒地毯》GB/T 11746—2008

《机织地毯》GB/T 14252—2008

《室内装饰装修材料　地毯、地毯衬垫及地毯胶粘剂有害物质释放限量》GB 18587—2001

标准适用范围：

《簇绒地毯》GB/T 11746—2008适用于合成纤维、羊毛及羊毛混纺纤维为绒头原料，将纱线通过簇绒机刺入底基布形成绒头列，在地毯背面涂敷粘合剂固定绒头，或贴敷背衬的簇绒地毯。《机织地毯》GB/T 14252—2008适用于羊毛、合成纤维、羊毛及羊毛混纺纤维为绒头原料，通过地毯织机使绒头纱线与毯基经纬线交织而成的有绒头机织地毯。《室内装饰装修材料　地毯、地毯衬垫及地毯胶粘剂有害物质释放限量》GB 18587—2001 适用于生产或销售的地毯、地毯衬垫及地毯胶粘剂。

主要性能指标：见表 4-23～表 4-25。

《簇绒地毯》GB/T 11746—2008 主要性能要求　　**表 4-23**

项目		技术要求
绒簇拔出力[①]（N）		割绒≥10.0、圈绒≥20.0
背衬剥离强力[②]（N）		≥20.0
耐光色牢度[③]：氙弧（级）		≥5、≥4（浅）[④]
耐摩擦色牢度（级）	干	≥3～4
	湿	≥3

注：凡是特性值未作规定的项目，由生产企业提供待定数据。
① 割绒圈绒组合品种，分别测试、判定绒簇拔出力，割绒≥10.0N、圈绒≥20.0N；
② 发泡橡胶背衬、无背衬簇绒地毯，不考核表中背衬剥离强力；
③ 羊毛或≥50%羊毛混纺簇绒地毯允许低半级；
④ “浅”标定界限为≤1/12 标准深度。

《机织地毯》GB/T 14252—2008 主要性能要求　　**表 4-24**

项目		技术要求
绒簇拔出力[①]（N）		≥5.0
耐光色牢度[②]：氙弧（级）		≥5、≥4（浅）[③]
耐摩擦色牢度（级）	干	≥3～4
	湿	≥3
耐燃性：水平法（片剂）（mm）		最大损毁长度≤75，至少七块合格

注：① 2500 绒簇结/dm^2 及以上的高密度机织地毯，绒簇拔出力指标可以由供需双方协商制定；
② 羊毛或≥50%羊毛混纺机织地毯允许低半级；
③ “浅”标定界限为≤1/12 标准深度。

《室内装饰装修材料 地毯、地毯衬垫及地毯胶粘剂有害物质释放限量》
GB 18587—2001 有害物质限量的要求　　**表 4-25**

有害物质测试项目	限量［$mg/(m^2 \cdot h)$］	
	A 级	B 级
总挥发性有机化合物（TVOC）	≤0.500	≤0.600
甲醛	≤0.050	≤0.050
苯乙烯	≤0.400	≤0.500
4-苯基环己烯	≤0.050	≤0.050

注：A 级为环保型产品，B 级为有害物质释放限量合格产品。

4.2.11　地坪涂料

按照《地坪涂装材料》GB/T 22374—2018，住宅与公共建筑室内用地坪涂料常用的有溶剂型、无溶剂型和水性三大类，按照树脂类型可分为环氧涂料、聚氨酯涂料、乙烯基酯涂料、丙烯酸涂料等，其中，环氧涂料和聚氨酯涂料是最常用的。地坪涂料具有耐腐蚀、耐水、粘结力强、易清洁、自重轻、涂刷施工方便、造价低等特点，但其有效使用年限也较短。适用于一般民用住宅、公共建筑的室内楼地面。

执行标准：

《地坪涂装材料》GB/T 22374—2018

《环氧树脂地面涂层材料》JC/T 1015—2006

《水性聚氨酯地坪》JC/T 2327—2015

标准适用范围：

《地坪涂装材料》GB/T 22374—2018 适用于涂装在水泥砂浆、混凝土等基面上，对地面起装饰、保护作用以及具有特殊功能（防静电性、防滑性等）要求的合成树脂基和聚合物水泥复合地坪涂装材料。《环氧树脂地面涂层材料》JC/T 1015—2006 适用于以环氧树脂为主要原材料的自流平地面涂层材料和薄涂型环氧树脂地面涂层材料。《水性聚氨酯地坪》JC/T 2327—2015 适用于建筑地面用水性聚氨酯地坪涂料和水性聚氨酯水泥复合砂浆类涂装材料。

主要性能指标：见表 4-26～表 4-31。

《地坪涂装材料》GB/T 22374—2018 有害物质限量的要求　　表 4-26

项目		指标		
		水性	溶剂型	无溶剂型
挥发性有机化合物含量（VOC）(g/L)		≤120	≤500	≤60
游离甲醛（mg/kg）		≤100	≤500	≤100
苯（g/kg）		—	≤1	≤0.1
甲苯、乙苯、二甲苯的总和（g/kg）		—	≤200	≤10
苯、甲苯、乙苯、二甲苯的总和（g/kg）		≤5	—	—
游离二异氰酸酯（TDI、HDD）①（限聚氨酯类）(g/kg)		≤2		
乙二醇醚及醚酯总和（mg/kg）		≤300		
邻苯二甲酸酯含量（%）	邻苯二甲酸二异辛酯（DEHP）、邻苯二甲酸二丁酯（DBP）和邻苯二甲酸丁苄酯（BBP）总和	—	≤0.1	
	邻苯二甲酸二异壬酯（DINP）、邻苯二甲酸二异癸酯（DIDP）和邻苯二甲酸二辛酯（DNOP）总和	—	≤0.1	
游离 4，4’-二氨基二苯甲烷（MDA）②（限环氧类）(g/kg)		≤10		
可溶性重金属③（mg/kg）	铅（Pb）	≤30		
	镉（Cd）	≤30		
	铬（Cr）	≤30		
	汞（Hg）	≤10		
总挥发性有机化合物（TVOC）释放量②（mg/m^3）		≤10	商定	≤20
甲醛释放量②（mg/m^3）		≤0.1		

注：① 单组分水性地坪涂装材料不测；
② 仅适用于室内地坪涂装材料；
③ 仅适用于有色地坪涂装材料。

《地坪涂装材料》GB/T 22374—2018 主要性能要求　　表 4-27

项目		指标		
		水性	溶剂型	无溶剂型
硬度	铅笔硬度（擦伤）	商定		—
	邵氏硬度（D型）	—		商定
耐磨性（750g/500r）（g）		≤0.050	≤0.030	
抗压强度（MPa）		—		≥45
拉伸粘结强度（MPa）	标准条件	≥2.0		
	浸水后	≥2.0		
耐冲击性	轻载（500g钢球）	涂膜无裂纹、无剥落		
	重载（1000g钢球）			
防滑性（干摩擦系数）		≥0.50		
耐水性（168h）		不起泡，不剥落，允许轻微变色，2h后恢复		
耐化学性	耐碱性（20%NaOH，72h）	不起泡，不剥落，允许轻微变色		
	耐酸性（10%H_2SO_4，48h）	不起泡，不剥落，允许轻微变色		
	耐油性（120#溶剂油，72h）	不起泡，不剥落，允许轻微变色		
耐人工气候老化性		时间商定（不低于400h）不起泡、不剥落、无裂纹，粉化≤1级，变色≤2级		

《地坪涂装材料》GB/T 22374—2018 特殊性能要求　　表 4-28

项目		指标
高防滑性①②	湿摩擦系数	≥0.70
耐特殊化学介质性①③		商定
弹性④	拉伸强度（MPa）	商定
	断裂伸长率（%）	商定
	柔韧性（mm）	商定
涂层耐温变性①⑤		漆膜表面无起泡、剥落、变色等现象
抗划伤性⑥		商定
抗热胎压痕性①⑦		ΔE≤3.0（单色）；变色≤1级（彩色）

注：① 可根据有关方商定测试配套底涂后或与底涂和中涂后的性能；
② 适用于对防滑性有特殊要求的场所；
③ 适用于需接触高浓度酸、碱、盐等化学腐蚀性药品的场所；
④ 适用于弹性地坪涂装材料；
⑤ 适用于冷库或蒸汽消毒，有温度变化差异的使用场所；
⑥ 适用于表面光滑地坪涂装材料；
⑦ 适用于车库、停车场等场所。

《环氧树脂地面涂层材料》JC/T 1015—2006 自流平型主要性能要求　　表 4-29

项目	技术指标
7d拉伸粘结强度（MPa）	≥2.0
邵氏硬度（D型）	≥70
抗冲击性，ϕ60mm，1000g钢球	涂膜无裂纹、无剥落
耐磨性（g）	≤0.15

续表

项目		技术指标
耐化学性	15%NaOH 溶液	涂膜完整，不起泡、不剥落，允许轻微变色
	10%HCl 溶液	
	120#溶剂汽油	

《环氧树脂地面涂层材料》JC/T 1015—2006 薄涂型主要性能要求　　表 4-30

项目		技术指标
铅笔硬度（H）		≥3
抗冲击性，ϕ50mm，500g 钢球		涂膜无裂纹、无剥落
耐磨性（g）		≤0.20
7d 拉伸粘结强度（MPa）		≥2.0
耐水性		涂膜完整，不起泡、不剥落，允许轻微变色
耐化学性	15%NaOH 溶液	涂膜完整，不起泡、不剥落，允许轻微变色
	10%HCl 溶液	
	120#溶剂汽油	

《水性聚氨酯地坪》JC/T 2327—2015 主要性能要求　　表 4-31

项目	技术指标
耐磨性（750g/500r）（g）	≤0.020
铅笔硬度（擦伤）	≥2H
耐划伤性*（2000g）	未划透
耐冲击性（cm）	50
附着力（划格间距 2mm）（级）	≤1
耐酸性（10%硫酸，48h）	无起泡，无剥落，无裂纹，允许轻微变色
耐碱性（20%氢氧化钠，72h）	
耐油性（120#溶剂汽油，72h）	
耐盐水性（3%氯化钠，7d）	
耐溶剂擦拭性（95%乙醇，200 次）	不露底
防滑性（干摩擦系数）	≥0.6
耐人工气候老化性（600h）	无起泡，无剥落，无裂纹 粉化≤1 级；变色≤1 级

注：* 仅限清漆。

环氧磨石目前没有专用的国家标准或行业标准。

4.3 典型做法及相关标准

目前，楼地面相关标准主要集中在产品标准领域，在工程应用标准方面较为匮乏，目前只有《环氧树脂自流平地面工程技术规范》GB/T 50589—2010 和《自流平地面工程技术标准》JGJ/T 175—2018。楼地面的验收方面，主要参照《建筑地面工程施工质量验收规范》GB 50209—2010 的规定。

将产品标准按照主材、辅材进行分类，典型做法及相关标准见表 4-32。

楼地面主材、辅材常用执行标准和典型做法 **表 4-32**

类型		标准依据		典型做法
		主材	辅材	
无机块材面层	陶瓷	《陶瓷砖》GB/T 4100—2015 《陶瓷板》GB/T 23266—2009 《室内外陶瓷墙地砖通用技术要求》JG/T 484—2015 《防滑陶瓷砖》GB/T 35153—2017	《陶瓷砖胶粘剂技术要求》GB/T 41059—2021 《陶瓷砖填缝剂》JC/T 1004—2017 《陶瓷砖胶粘剂》JC/T 547—2017	填缝剂 陶瓷地砖 水泥砂浆结合层 基层楼地面（防水层、保温层、找平层等构造层做法按工程设计）
	大理石	《天然大理石建筑板材》GB/T 19766—2016	《天然石材防护剂》GB/T 32837—2016 《石材用建筑密封胶》GB/T 23261—2009 《天然石材用水泥基胶粘剂》JG/T 355—2012	石材面层 水泥砂浆结合层 基层楼地面（防水层、保温层、找平层等构造层做法按工程设计）
	花岗石	《天然花岗石建筑板材》GB/T 18601—2009		
	水磨石	《建筑装饰用水磨石》JC/T 507—2022	《室内装修用水泥基胶结料》GB/T 40376—2021 《陶瓷砖胶粘剂》JC/T 547—2017	预制水磨石板 水泥砂浆结合层 基层楼地面（防水层、保温层、找平层等构造层做法按工程设计）
	人造石	《人造石》JC/T 908—2013		
木地板	实木地板	《实木地板　第1部分：技术要求》GB/T 15036.1—2018	《木地板铺装胶粘剂》HG/T 4223—2011 《木地板胶粘剂》JC/T 636-1996	木地板 泡沫塑料衬垫 木地板衬板 混凝土垫层 塑料薄膜 基层楼地面（防水层、保温层、找平层等构造层做法按工程设计）
	复合木地板	《实木复合地板》GB/T 18103—2022 《浸渍纸层压实木复合地板》GB/T 24507—2020		
	强化木地板			
弹性地板	聚氯乙烯地板	《聚氯乙烯卷材地板　第1部分：非同质聚氯乙烯卷材地板》GB/T 11982.1—2015 《聚氯乙烯卷材地板　第2部分：同质聚氯乙烯卷材地板》GB/T 11982.2—2015 《硬质聚氯乙烯地板》GB/T 34440—2017 《半硬质聚氯乙烯块状地板》GB/T 4085—2015	《聚氯乙烯塑料地板胶粘剂》JC/T 550—2019 《橡胶地板用胶粘剂》HG/T 4913—2016	聚氯乙烯地板/橡胶地板 专用粘结剂粘铺 基层楼地面（防水层、保温层、找平层等构造层做法按工程设计）
	橡胶地板	《橡塑铺地材料　第1部分：橡胶地板》HG/T 3747.1—2011		

续表

类型		标准依据		典型做法
		主材	辅材	
地毯	合成纤维地毯	《簇绒地毯》GB/T 11746—2008 《机织地毯》GB/T 14252—2008	《橡胶海绵地毯衬垫》HG/T 2015—2003	地毯卡条 地毯 橡胶海绵衬垫 基层楼地面（防水层、保温层、找平层等构造层做法按工程设计）
有机类地坪面层	环氧磨石	暂无	暂无	环氧磨石 打底料 基层楼地面（防水层、保温层、找平层等构造层做法按工程设计）
	地坪涂料（环氧地坪、聚氨酯薄涂地坪等）	《地坪涂装材料》GB/T 22374—2018 《环氧树脂地面涂层材料》JC/T 1015—2006 《水性聚氨酯地坪》JC/T 2327—2015		地坪涂料面层 基层楼地面（防水层、保温层、找平层等构造层做法按工程设计）

5 顶面

顶面装饰装修做法按照造型和效果，一般分为整体面层吊顶、板块面层吊顶、格栅吊顶、垂片吊顶、金属条板吊顶、厨卫集成吊顶、软膜吊顶、抹灰+涂料吊顶。吊顶系统中龙骨按照功能分为承载龙骨、覆面龙骨、主龙骨、次龙骨、收边龙骨、边龙骨。《指南》根据调研结果，对顶面造型与效果、防火、吸声、环保、变形性能和顶面的设备集成的设计要点进行了研究；对以上整体类型、饰面材料选型、构造选材要点和产品标准进行了研究。

使用本章时的顺序和方法：

1）选择需要关注的功能和性能——参考5.1；

2）根据选定的功能和性能选择匹配的产品——参考表5-3和表5-4；

3）查看具体的产品性能及执行标准——参考5.2；

4）根据选择的做法查看相关的标准体系——参考5.3。

5.1 设计要点

顶面设计执行及参考的工程标准主要有：

《建筑环境通用规范》GB 55016—2021

《民用建筑通用规范》GB 55031—2022

《建筑防火通用规范》GB 55037—2022

《建筑设计防火规范》GB 50016—2014（2018年版）

《民用建筑隔声设计规范》GB 50118—2010

《建筑装饰装修工程质量验收标准》GB 50210—2018

《建筑内部装修设计防火规范》GB 50222—2017

《民用建筑工程室内环境污染控制标准》GB 50325—2020

《公共建筑吊顶工程技术规程》JGJ 345—2014

5.1.1 顶面造型

顶面不同的装饰装修做法决定顶面造型和效果。造型确定需要综合考虑顶面管线、设备布置情况和层高，并且造型风格需与室内整体的装饰装修风格相协调。工程中，顶面大致分为以下8类：

整体面层吊顶：这一类型顶面装饰面无分格、整体性好，顶面造型可以按照要求制作跌级、灯槽等造型效果，也可对面板加工后做成曲面造型的吊顶风格；当支承系统采用主副龙骨吊顶、卡式龙骨吊顶体系时，支承龙骨需要占用一定的空间，从而对层高有一定的要求，但吊顶内部的空间可设置一些管线和设备，实现空间的综合利用。

板块面层吊顶：这一类型顶面是由块状装饰面板和支承龙骨组成，其中块状装饰面板的表面装饰层均在工厂完成加工，现场安装在支承龙骨上，造型通常为平面；并且吊顶内部支承龙骨需要占用一定的空间，从而对层高有一定的要求，但吊顶内部的空间可设置一些管线和设备，实现空间的综合利用；吊顶龙骨配合面板边部造型可实现外露龙骨和暗藏龙骨的装饰效果。

格栅吊顶、垂片吊顶、金属条板吊顶：铝合金方通、垂片、条板呈矩阵排列安装在支承龙骨上，具有立体感。

厨卫集成吊顶：这一类型顶面很好地协调了照明、通风设备和面层材料之间的配合关系，实现了各模块之间尺寸协调、功能协调和风格协调，具有整体装饰风格统一的优点。

软膜吊顶：造型通常为平面，软膜可对吊顶内部灯具的光线进行散射，改变室内光影效果。

抹灰＋涂料吊顶：结构楼板底部抹灰找平，表面涂刷涂料，可根据基层造型实现平面、弧面等不同造型。

在设计吊顶造型时，还需要关注吊顶面板的标准尺寸。吊顶面板是一种工业化程度较高的建筑产品，已经初步形成了一定的尺寸系列，所以在吊顶设计时通过提高吊顶空间尺寸与吊顶面板尺寸的协调性，从而提高吊顶面板利用效率。

5.1.2 防火性能

顶面是建筑防火重要考虑的部位，目前关于顶面防火性能，《建筑内部装修设计防火规范》GB 50222—2017 对不同建筑空间顶棚材料燃烧性能做了明确规定。其中顶棚材料应包括顶棚面层材料和支承结构材料，两部分材料均应满足该规范要求。

关于材料的燃烧性能确定，应注意以下几种情况：

（1）安装在金属龙骨上燃烧性能达到 B_1 级的纸面石膏板、矿棉吸声板时，可以作为 A 级装修材料使用；

（2）单位面积质量小于 $300g/m^2$ 的纸质、布质壁纸，当直接粘贴在 A 级基材上时，可作为 B 级装修材料使用；

（3）施涂于 A 级基材上的无机装修涂料，可做 A 级装修材料使用；施涂于 A 级基材上，湿涂比小于 $1.5kg/m^2$，且涂层干膜厚度大于 1.0mm 的有机装修涂料，可以作为 B_1 级装修材料使用；

（4）当使用多层装修材料时，各层装修材料的燃烧性能等级均应符合该规范的规定。复合型装修材料的燃烧性能等级应进行整体检测确定。

一些特殊场所进行顶面设计时，材料的选用应注意以下几种情况：

（1）疏散走廊和安全出口的顶棚、墙面不应采用影响人员安全疏散的镜面反光材料；

（2）地上建筑的水平疏散走廊和安全出口的门厅，其顶棚应采用 A 级装修材料；其他部位应采用不低于 B_1 级的装修材料；地下民用建筑的疏散走廊和安全出口的门厅，其顶棚、墙面和地面均应采用 A 级装修材料；

（3）疏散楼梯间和前室的顶棚、墙面和地面均应采用 A 级装修材料；

（4）建筑物内设有上下层连通的中庭、走马廊、开敞楼梯、自动扶梯时，其连通部位的顶棚、墙面应采用 A 级装修材料，其他部位应采用不低于 B_1 级的装修材料；

（5）建筑物内的厨房、其顶棚、墙面、地面均应采用A级装修材料；

（6）住宅建筑卫生间顶棚宜采用A级装修材料；

（7）用于顶棚和墙面装修的木质类板材，当内部含有电器、电线等物体时，应采用不低于 B_1 级的材料；

（8）当室内顶棚内部安装电加热或水暖（或蒸汽）供暖系统时，其顶棚采用的装饰材料和绝热材料燃烧性能应为A级。

5.1.3 吸声设计

医院、学校等特殊建筑，以及公共建筑中的特殊区域需要采取对应的吸声降噪措施，目的是改善区域的声学环境。吸声性能在现行标准中有两个不同的表征指标，分别是吸声系数和降噪系数，但是检测方法均是依据《声学　混响室吸声测量》GB/T 20247—2006中规定的方法，因此吸声系数与降噪系数的表述意思是一致的。

《民用建筑隔声设计规范》GB 50118—2010对于学校建筑、医院建筑的顶棚材料提出如下要求：

（1）教学楼内封闭走廊、门厅及楼梯间，医院入口大厅、挂号大厅等区域，在条件允许时宜设置降噪系数（*NRC*）不低于0.40的吸声材料。

（2）医院建筑入口大厅、挂号大厅、候药厅及分科候诊厅（室）内，应采取吸声处理措施；其室内500～1000Hz混响时间不宜大于2s。病房楼、门诊楼内走廊的顶棚，应采取吸声处理措施；吊顶所用吸声材料的降噪系数（*NRC*）不应小于0.40。

（3）较大办公室的顶棚宜结合装修使用降噪系数（*NRC*）不小于0.40的吸声材料；会议室的墙面和顶棚宜结合装修使用降噪系数（*NRC*）不小于0.40的吸声材料；走廊顶棚宜结合装修使用降噪系数（*NRC*）不小于0.40的吸声材料。

（4）商业建筑中容积大于 $400m^3$ 且流动人员人均占地面积小于 $20m^2$ 的室内空间，应安装吸声顶棚；吸声顶棚面积不应小于顶棚面积的75%；顶棚吸声材料或构造的降噪系数（*NRC*）应符合表5-1的规定。

顶棚吸声材料或构造的降噪系数　　表5-1

房间名称	降噪系数（*NRC*）	
	高要求标志	低限标志
商场、商店、购物中心、会展中心、走廊	≥0.60	≥0.40
餐厅、健身中心、娱乐场所	≥0.80	≥0.40

5.1.4 环保性能

顶面作为室内装饰装修工程分项工程，环保性能通常关注甲醛、VOC等有害物质和放射性两个方面。

《建筑环境通用规范》GB 55016—2021对装饰装修材料的放射性限量作了以下规定：

（1）建筑工程所使用的石材、建筑卫生陶瓷、石膏制品、无机粉状粘结材料等无机非金属装饰装修材料，其放射性限量应分别符合表5-2的规定。

无机非金属装饰装修材料放射性限量　　表 5-2

测定项目	限量	
	A类	B类
内照射指数（I_{Ra}）	≤1.0	≤1.3
外照射指数（I_{γ}）	≤1.3	≤1.9

（2）Ⅰ类民用建筑工程室内装饰装修采用的无机非金属装饰装修材料放射性限量应符合《指南》表 5-2 中 A 类的规定。

顶面装饰装修材料的游离甲醛、VOC、苯及甲苯等有害物质限量应符合《民用建筑工程室内环境污染控制标准》GB 50325—2020 的规定。

5.1.5　变形性能

顶面变形性能是指吊顶在自重作用下发生的挠度变形，从而影响顶面的安全性和美观性。按照变形原因分为两种，第一种是支承龙骨结构承载能力不足，在龙骨自重和面层材料自重作用下，支承骨架发生变形；第二种是面板材料自身刚度不足，产生变形。

针对支承龙骨结构承载能力不足造成的变形，设计时应重点关注龙骨的壁厚、截面尺寸和龙骨的布置间距，并合理选用适宜的支承龙骨体系。

针对面板材料自身刚度不足造成的变形，当前我国在相关无机板材类产品标准中采用受潮挠度对产品的变形性能进行表征；金属类材料采用挠度范围控制产品变形，设计时重点关注使用环境和产品挠度控制指标。

5.1.6　管线和设备集成设计

顶面往往会安装灯具、通风等设施，因此设计时需要综合考虑面板与设备尺寸协调、设备荷载安全性、设备振动等问题，从而提高吊顶结构的安全性和美观性。

《民用建筑通用规范》GB 55031—2022 对顶面中的设备提出了以下要求：

（1）重量大于 3kg 的物体，以及有振动的设备应直接吊挂在建筑承重结构上。

（2）管线较多的吊顶内应留有检修空间。当空间受限不能进入检修时，应采用便于拆卸的装配式吊顶或设置检修孔。

（3）吊顶系统不应吊挂在吊顶内的设备管线或设施上。

《公共建筑吊顶工程技术规程》JGJ 345—2014 对顶面设备提出了以下要求：

（1）龙骨的排布宜与空调通风系统的风口、灯具、喷淋头、检修孔、监测、升降投影仪等设备设施排布位置错开，不宜切断主龙骨。

（2）当采用整体面层及金属类吊顶时，重量不大于 1kg 的筒灯、石英射灯、烟感器、扬声器等设施可直接安装在面板上；重量不大于 3kg 的灯具等设置可安装在 U 形或 C 形龙骨上，并应有可靠的固定措施。

（3）矿物棉板类吊顶，灯具、风口等设备不应直接安装在矿物棉板或玻璃纤维板上。

（4）安装有大功率、高热量照明灯具的吊顶系统应设有散热、排热排风口。

（5）吊顶内安装有震颤的设备时，设备下皮距主龙骨上皮不应小于 50mm。

5.1.7 龙骨系统设计

龙骨系统作为吊顶的支承结构，决定了吊顶的造型和功能，也是吊顶安全性设计的重点。有些特殊复杂吊顶系统在做龙骨系统设计时，还应进行抗震设计，例如增加反向支撑。目前针对吊顶龙骨系统设计有明确规定的标准有《民用建筑通用规范》GB 55031—2022、《建筑装饰装修工程质量验收标准》GB 50210—2018、《公共建筑吊顶工程技术规程》JGJ 345—2014，其中对龙骨的排布、吊杆的设置进行如下规定：

（1）吊杆长度大于 1.50m 时，应设置反支撑。

（2）吊杆、反支撑及钢结构转换层与主体结构的连接应安全牢固，且不应降低主体结构的安全性。

（3）设置永久马道的，马道应单独吊挂在建筑承重结构上。

同时，吊顶龙骨设计时应注意以下内容：

（1）吊顶中的设备、检修口一般为点状分布，其荷载比较大，从经济性和安全性考虑一般单独设置吊杆，与吊顶的吊杆分开设置并分开使用。

（2）吊杆距主龙骨端部距离不得大于 300mm。当吊杆与设备相遇时，应调整并增设吊杆或采用型钢支架。

（3）从吊顶结构安全性考虑，龙骨的排布在遇到空调通风口、灯具、喷淋头、检修孔、监测、升级投影仪等设备设施时，需要错开排布，不宜切断主龙骨。

（4）吊杆上部为网架、钢屋架时，网架、檩条的布置间距与吊杆间距往往不一致，造成无法保证吊杆的正常布置，从而影响吊顶的安全性，这一种情况需在网架或钢屋架下侧设置转换层，确保吊顶吊杆的正常布置；在一些层高较高的建筑中，吊杆长度设置比较长，吊杆长度增加后降低吊顶结构的稳定性，容易产生吊顶面板损坏或脱落的现象，按照以往的工程经验，当吊杆长度大于 2500mm 时，也需要设置转换层，减少吊杆的有效长度。

5.2 产品选型及相关标准

顶面面层材料有纸面石膏板、穿孔石膏板、金属板、装饰纸面石膏板、矿物棉装饰吸声板、玻纤吸声板、珍珠岩吸声板、格栅、金属垂片、金属条板、软膜、预拌砂浆、合成树脂乳液内墙涂料、无机建筑涂料、无石棉纤维水泥平板、硅酸钙板。顶面类型、造型与效果及适用的面层材料对应关系可参照表 5-3。

吊顶工程龙骨按照截面形式分为 U 形龙骨、C 形龙骨、T 形龙骨、H 形龙骨、V 形龙骨、L 形龙骨；按照功能分为承载龙骨、覆面龙骨、主龙骨、次龙骨、收边龙骨、边龙骨。吊顶龙骨系统类型及组成见表 5-17。

顶面类型、造型与效果、龙骨系统和面层材料之间的对应和搭配关系，可参照表 5-3 的内容进行设计。

顶面的饰面材料可参照表 5-4 的内容进行选择。

5.2.1 纸面石膏板

执行标准：《纸面石膏板》GB/T 9775—2008

顶面类型选用 表 5-3

类型	造型与效果	适用龙骨系统	面层材料选用
整体面层吊顶	平面（整体装饰面层）、弧形、折线形	主副龙骨吊顶、卡式龙骨吊顶、吸顶龙骨吊顶	纸面石膏板、纤维水泥平板、硅酸钙板、穿孔石膏板
板块面层吊顶	平面-明架、平面-暗架	明架龙骨吊顶	金属板、装饰纸面石膏板、矿棉吸声板、玻纤吸声板、穿孔石膏板、珍珠岩吸声板
集成吊顶	平面、设备集成	明架龙骨吊顶	金属板
格栅吊顶	矩阵排列造型	格栅吊顶	格栅
垂片吊顶	矩阵排列造型	垂片吊顶	金属垂片
金属条板吊顶	矩阵排列造型	条板吊顶	金属条板
软膜吊顶	平面、透光	主副龙骨吊顶、卡式龙骨吊顶	软膜
抹灰＋涂料顶面	平涂、质感	—	合成树脂乳液内墙涂料、无机建筑涂料

顶面饰面材料选用 表 5-4

面板类型		燃烧性能等级	降噪系数	变形性能	环保性	产品标准
纸面石膏板		暂无	暂无	受潮挠度：由供需双方商定	工业副产建筑石膏的放射性核素限量内照射指数（I_{Ra}）应不大于1.0，外照射指数（I_r）应不大于1.0	《纸面石膏板》GB/T 9775—2008
无石棉纤维水泥平板		A级	暂无	暂无	暂无	《纤维水泥平板 第1部分：无石棉纤维水泥平板》JC/T 412.1—2018
无石棉硅酸钙板		A级	暂无	暂无	暂无	《纤维增强硅酸钙板 第1部分：无石棉硅酸钙板》JC/T 564.1—2018
金属板	（块板）铝扣板	暂无	暂无	挠度应符合本章表5-8	暂无	《金属及金属复合材料吊顶板》GB/T 23444—2009
	金属条板			挠度应符合本章表5-7	暂无	《金属及金属复合材料吊顶板》GB/T 23444—2009
	铝蜂窝复合板			$1.0\times10^{8}N\cdot mm^{2}$	胶粘剂有害物质应符合《室内装饰装修材料 胶粘剂中有害物质限量》GB 18583—2008的要求	《普通装饰用铝蜂窝复合板》JC/T 2113—2012
	铝波纹芯复合铝板	A级	暂无	见本章表5-11	胶粘剂有害物质应符合《室内装饰装修材料 胶粘剂中有害物质限量》GB 18583—2008的要求	《铝波纹芯复合铝板》JC/T 2187

续表

面板类型	燃烧性能等级	降噪系数	变形性能	环保性	产品标准
装饰纸面石膏板	暂无	暂无	防潮板的受潮挠度不大于 3.0mm	暂无	《装饰纸面石膏板》JC/T 997—2006
矿物棉装饰声板	A 级	≥0.50	受潮挠度不应大于 1.0	甲醛释放量应符合《室内装饰装修材料 人造板及其制品中甲醛释放限量》GB 18580—2017 中规定的 E1 级	《矿物棉装饰吸声板》GB/T 25998—2020
玻纤吸声板	A 级	≥0.80			《矿物棉装饰吸声板》GB/T 25998—2020
吸声用穿孔石膏板	A 级	参见《吸声用穿孔石膏板》JC/T 803—2007 附录 B 吸声频率特性	暂无	暂无	《吸声用穿孔石膏板》JC/T 803—2007
珍珠岩吸声板	A 级	普通板吸声系数 0.40～0.60；防潮型吸声系数 0.35～0.45	暂无	暂无	《膨胀珍珠岩装饰吸声板》JC/T 430—2012
格栅	暂无	暂无	暂无	暂无	《金属及金属复合材料吊顶板》GB/T 23444—2009
垂片	暂无	暂无	暂无	暂无	《一般工业用铝及铝合金板、带材 第 1 部分：一般要求》GB/T 3880.1—2012 《一般工业用铝及铝合金板、带材 第 2 部分：力学性能》GB/T 3880.2—2012 《一般工业用铝及铝合金板、带材 第 3 部分：尺寸偏差》GB/T 3880.3—2012
软膜	—	—	—	—	无标准
涂料 合成树脂乳液内墙涂料	暂无	暂无	暂无	符合《建筑用墙面涂料中有害物质限量》GB 18582—2020 的规定	《合成树脂乳液内墙涂料》GB/T 9756—2018
涂料 无机建筑涂料	A 级	暂无	暂无	符合《建筑用墙面涂料中有害物质限量》GB 18582—2020 的规定	《无机干粉建筑涂料》JG/T 445—2014

适用范围：建筑物中用作非承重内隔墙体和吊顶的纸面石膏板，也适用于需经二次饰面加工的装饰纸面石膏板的基板。适用于《指南》中整体面层吊顶用纸面石膏板。

主要性能指标：

变形性能：该标准中设立了受潮挠度的项目，但未给出具体的控制指标，规定由供需双方商定。

环保性能：纸面石膏板主要生产原材料为工业副产建筑石膏，工业副产建筑石膏的环保性可依据《建筑石膏》GB/T 9776—2022 相关规定进行控制，其中规定放射性核素限量内照射指数（I_{Ra}）应不大于 1.0，外照射指数（I_r）应不大于 1.0。

5.2.2 吸声用穿孔石膏板

执行标准：《吸声用穿孔石膏板》JC/T 803—2007

适用范围：适用于室内以吸声为目的而设置孔眼的穿孔石膏板。适用于《指南》中整体面层吊顶和板块吊顶。

主要性能指标：

规格尺寸：厚度规格为 9.5mm 和 12mm。

吸声性能：见表 5-5。

吸 声 性 能 **表 5-5**

构造简图	组成	厚度（L）(mm)	吸声系数平均值
刚性墙 L 穿孔石膏板	板材厚度（mm）：12 穿孔规格（mm）：Φ6/18 穿孔率（%）：8.7 背覆材料：无 板后吸声材料：无	75	0.16
		150	0.15
		300	0.11
刚性墙 L 桑皮纸 穿孔石膏板	板材厚度（mm）：12 穿孔规格（mm）：Φ6/18 穿孔率（%）：8.7 背覆材料：桑皮纸 板后吸声材料：无	75	0.49
		150	0.50
		300	0.45

续表

构造简图	组成	厚度（L）(mm)	吸声系数平均值
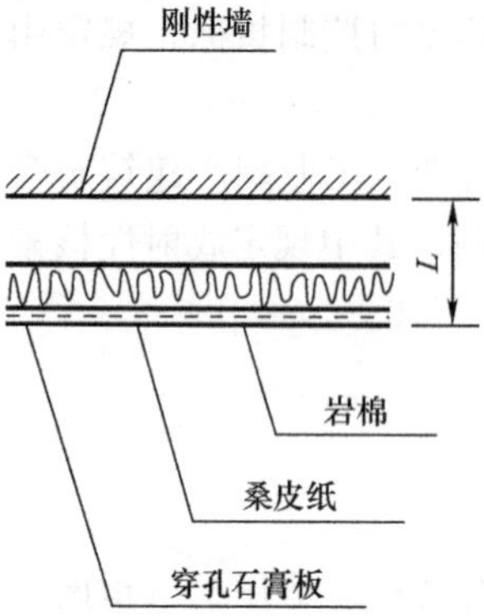 刚性墙 L 岩棉 桑皮纸 穿孔石膏板	板材厚度（mm）：12 穿孔规格（mm）：$\Phi6/18$ 穿孔率（%）：8.7 背覆材料：桑皮纸 板后吸声材料：岩棉	75	0.65
		150	0.64
		300	0.57

注：以上构造中背覆材料桑皮纸可采用无纺布、玻璃纤维布代替。

5.2.3 金属及金属复合材料吊顶板

执行标准：《金属及金属复合材料吊顶板》GB/T 23444—2009

适用范围：适用于建筑装修用吊顶板。适用于《指南》中板块吊顶、格栅、条板吊顶。

主要性能指标：

规格尺寸：吊顶板厚度决定了板材的力学性能，在该标准中对每一类型的吊顶板产品的最小厚度做了规定，详细要求见表 5-6。

产品厚度要求（mm） **表 5-6**

种类		厚度要求
铝及铝合金吊顶板		≥0.35
铝蜂窝吊顶板	铝面板	≥0.50
	整板	≥8.00
钢吊顶板		≥0.30

变形性能：在该标准中对条板、块板的挠度做了规定，详细要求见表 5-7、图 5-1 和表 5-8、图 5-2。

条板挠度要求（mm） **表 5-7**

位置	宽度 b≤100	100<宽度 b≤200	200<宽度 b≤300	300<宽度 b≤400
A	−1.0～+1.5	−1.25～+2.0	−1.5～+2.5	−1.75～+2.7
B	−1.5～+1.5	−2.5～+2.0	−3.5～+2.5	−4.0～+2.7

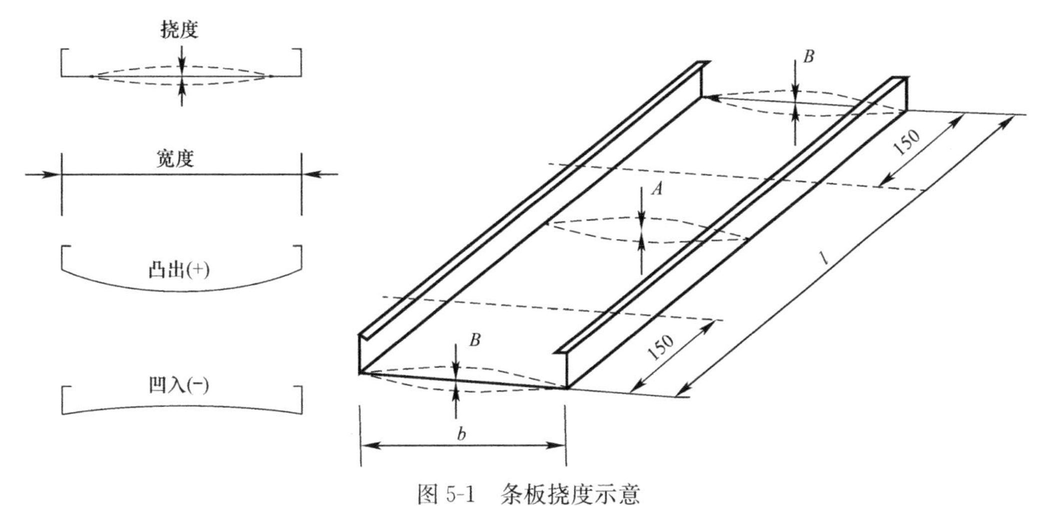

图 5-1　条板挠度示意

l—样品长度；b—样品宽度；A—中部挠度；B—端部挠度

块板挠度要求（mm）　　　　**表 5-8**

宽度 b	长度 $l\leqslant1000$		$1000<$长度 $l\leqslant2000$		$2000<$长度 $l\leqslant3000$	
	边部 C	中间 D	边部 C	中间 D	边部 C	中间 D
$b\leqslant400$	$-0.5\sim+0.5$	$-0.2\sim+3.0$	$-0.5\sim+1.5$	$-0.2\sim+4.0$	$-0.5\sim+3.0$	$-0.2\sim+6.0$
$400<b\leqslant500$		$0\sim+4.0$		$0\sim+5.0$	$0.5\sim+3.5$	$0\sim+7.0$
$500<b\leqslant625$		$0\sim+6.0$		$0\sim+7.0$	$0.5\sim+4.0$	$0\sim+9.0$
$625<b\leqslant1250$		$0\sim+10.0$		$0\sim+13.0$	合同约定	

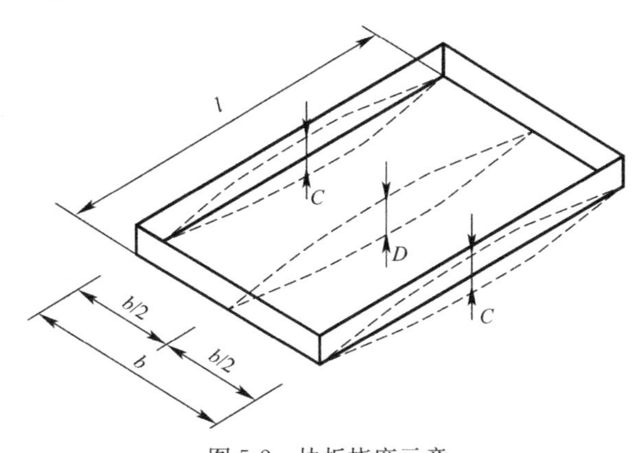

图 5-2　块板挠度示意

l—样品长度；b—样品宽度；c—边部挠度；D—中间挠度

5.2.4　铝蜂窝复合板

执行标准：《普通装饰用铝蜂窝复合板》JC/T 2113—2012

适用范围：适用于普通装饰用途的铝蜂窝复合板。适用于《指南》中板块吊顶。

主要性能指标：

规格尺寸：铝蜂窝复合板是以铝蜂窝为芯材，两面粘结铝板的复合板材，具有一定的尺寸系列，工程可参照选用，详见表 5-9。

矩形平面板常用规格尺寸（mm） 表 5-9

项目	规格尺寸
长度	2000、2400、3000、3200
宽度	1200、1250、1500
厚度	10、15、20、25、30、40、50

环保性能：铝蜂窝复合板生产用的胶粘剂的有害物质限量应符合现行国家标准《室内装饰装修材料　胶粘剂中有害物质限量》GB 18583 的要求。

变形性能：铝蜂窝复合板使用产品的弯曲刚度表征，其指标应不小于 1.0×10^8N·mm²。

5.2.5　铝波纹芯复合铝板

执行标准：《铝波纹芯复合铝板》JC/T 2187—2013

适用范围：适用于建筑幕墙及普通装饰用途的铝波纹芯复合铝板。适用于《指南》中板块吊顶。

主要性能指标：

规格尺寸：铝波纹芯复合铝板是以铝波纹板为芯材，双面粘结铝板的复合板材，具有一定的尺寸系列，工程可参照选用，详见表 5-10。

矩形平面板常用规格尺寸（mm） 表 5-10

项目	规格尺寸
长度	2000、2440、3000、3200
宽度	1200、1250、1500
厚度	4、6

环保性能：铝波纹芯复合铝板生产用的胶粘剂的有害物质限量应符合现行国家标准《室内装饰装修材料　胶粘剂中有害物质限量》GB 18583 的要求。

变形性能：铝波纹芯复合铝板使用产品的弯曲强度和弯曲刚度表征，其指标见表 5-11。

铝波纹芯复合铝板弯曲性能 表 5-11

项目		技术要求
弯曲强度（MPa）	横向	≥80
	纵向	≥55
弯曲刚度（N·mm²）		$\geq8.0\times10^7$

5.2.6　装饰纸面石膏板

执行标准：《装饰纸面石膏板》JC/T 997—2006

适用范围：适用于以纸面石膏板为基材，其正面经涂覆、压花、贴膜等加工后，用于室内装饰的板材。适用于《指南》中板块吊顶。

主要性能指标：

规格尺寸：吊顶用基材厚度不小于 6.5mm。

变形性能：防潮板受潮挠度不大于 3.0mm。

5.2.7 矿物棉装饰吸声板、玻纤吸声板

执行标准：《矿物棉装饰吸声板》GB/T 25998—2020

适用范围：适用于以湿法或干法生产的用于室内吊顶的矿物棉装饰吸声板。适用于《指南》中板块吊顶。

主要性能指标：

规格尺寸：矿物棉装饰吸声板常用规格公称尺寸见表5-12。

矿物棉装饰吸声板常用公称尺寸（mm）　　表5-12

长度	宽度	厚度
600、1200、1800	300、400、600	9、12、14、15、16、18、20

燃烧性能：不得低于制造商声称的燃烧性能分级，且应不低于《建筑材料及制品燃烧性能分级》GB 8624—2012 中规定的 B_1 级要求。

环保性能：放射性核素限量应达到现行国家标准《建筑材料放射性核素限量》GB 6566 中规定的A类装修材料的要求，内照射指数 I_{Ra} 应不大于1.0，外照射指数 I_{γ} 应不大于1.3。甲醛释放量应达到现行国家标准《室内装饰装修材料　人造板及其制品中甲醛释放限量》GB 18580 中规定的E1级要求，甲醛释放量应不大于0.124mg/m^3。

产品不得含有石棉纤维。

变形性能：矿物棉装饰吸声板受潮挠度见表5-13。

矿物棉装饰吸声板受潮挠度（mm）　　表5-13

类型	受潮挠度
湿法板	≤3.5
干法板	≤1.0

吸声性能：矿物棉装饰吸声板降噪系数见表5-14。

矿物棉装饰吸声板降噪系数　　表5-14

类型		降噪系数（*NRC*）
湿法板	滚花	不得低于制造商的声称值，且≥0.50
	其他	不得低于制造商的声称值，且≥0.30
干法板		不得低于制造商的声称值，且≥0.75

5.2.8 无石棉纤维水泥平板

执行标准：《纤维水泥平板　第1部分：无石棉纤维水泥平板》JC/T 412.1—2018

适用范围：适用于作为建筑物内墙板、外墙板、吊顶板、车厢、海上建筑、船舶内隔墙板及复合保温板面板兼有防火、隔热、防潮等要求的无石棉板，也适用于家装等其他用途的无石棉板。适用于《指南》中整体面层吊顶和板块吊顶。

主要性能指标：

产品类型：吊顶面板应选用该标准中C类板材。

规格尺寸：该标准中列出了产品的常用规格尺寸，可优先选用规格板，从而降低生产成本和提高板材利用率，无石棉纤维水泥平板常用的规格尺寸见表5-15。

无石棉纤维水泥平板常用的规格尺寸（mm） **表 5-15**

项目	公称尺寸
长度 *L*	600、900、1200、1800、2400、2440、3000、3600、4800、4880
宽度 *H*	600、900、1200、1220
厚度 *e*	4、5、6、8、9、10、12、14、16、18、20、22、25、30

注：根据用户需要，可按供需双方合同要求生产其他规格的产品。

5.2.9 无石棉硅酸钙板

执行标准：《纤维增强硅酸钙板　第 1 部分：无石棉硅酸钙板》JC/T 564.1—2018

适用范围：适用于作为建筑物内墙板、外墙板、吊顶板、车厢、海上建筑、船舶内隔墙板及复合保温板面板兼有防火、隔热、防潮等要求的无石棉硅酸钙板，也适用于家装等其他用途的无石棉硅酸钙板。适用于《指南》中整体面层吊顶和板块吊顶。

主要性能指标：

产品类型：吊顶面板应选用该标准中 C 类板材。

规格尺寸：该标准中列出了产品的常用规格尺寸，可优先选用规格板，降低生产成本和提高板材利用率，无石棉纤维水泥平板常用的规格尺寸见表 5-16。

无石棉硅酸钙板的规格尺寸（mm） **表 5-16**

项目	公称尺寸
长度 *L*	600、900、1200、1800、2400、2440、3000、3600、4800、4880
宽度 *H*	600、900、1200、1220
厚度 *e*	4、5、6、8、9、10、12、14、16、18、20、22、25、30

注：根据用户需要，可按供需双方合同要求生产其他规格的产品。

燃烧性能：该标准中规定无石棉硅酸钙板的燃烧性能应为《建筑材料及制品燃料性能分级》GB 8624—2012 中不燃 A 级。

5.2.10 珍珠岩吸声板

执行标准：《膨胀珍珠岩装饰吸声板》JC/T 430—2012

适用范围：适用于以膨胀珍珠岩（体积密度≤80kg/m^3）为骨料，加入无机胶凝材料及外加剂而制成的板，主要用于室内的装饰、消声和降噪。适用于《指南》中板块吊顶。

主要性能指标：

规格尺寸：边长公称尺寸为 400mm×400mm，500mm×500mm、600mm×600mm；产品公称厚度为 15mm、17mm、20mm。

吸声性能：普通珍珠岩吸声板的吸声系数 0.40～0.60；防潮型的珍珠岩板吸声系数 0.35～0.45。

燃烧性能：该标准中对产品的燃烧性能表述为："应达到 GB 8624—1997 中 A 级产品的要求"，《建筑材料燃烧性能分级方法》GB 8624—1997 目前已经废止，有效版本为《建筑材料及制品燃烧性能分级》GB 8624—2012。

5.3 典型做法及相关标准

将产品标准按照组成进行分类，吊顶龙骨系统及各部分执行的产品标准见表 5-17。

吊顶龙骨系统及各部分执行的产品标准 **表 5-17**

类型	简图	组成	产品标准
主副龙骨吊顶		吊杆	《紧固件机械性能　螺栓、螺钉和螺柱》GB/T 3098.1—2010
		承载龙骨	《建筑用轻钢龙骨》GB/T 11981—2008
		覆面龙骨	
		吊件	《建筑用轻钢龙骨配件》JC/T 558—2007
		挂件	
		挂插件	
		自攻螺钉	《墙板自攻螺钉》GB/T 14210—1993
卡式龙骨吊顶	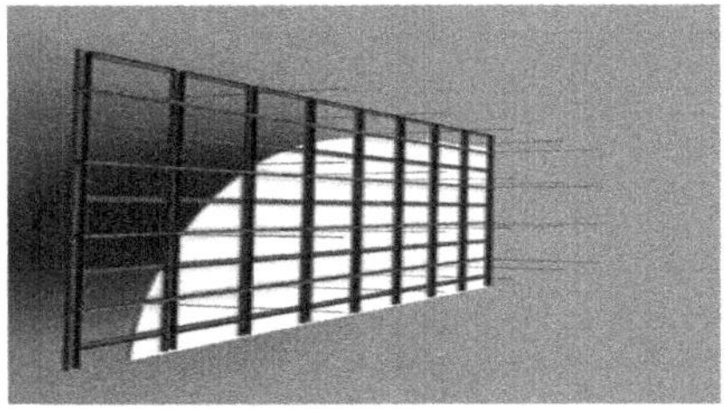	吊杆	《紧固件机械性能　螺栓、螺钉和螺柱》GB/T 3098.1—2010
		承载龙骨	《建筑用轻钢龙骨》GB/T 11981—2008
		覆面龙骨	
		自攻螺钉	《墙板自攻螺钉》GB/T 14210—1993
吸顶龙骨吊顶	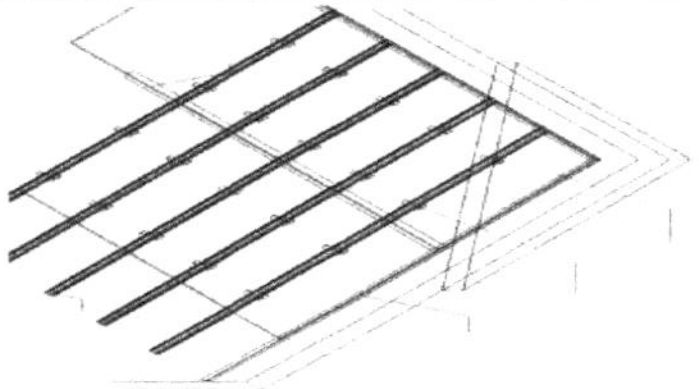	丝杆	《紧固件机械性能　螺栓、螺钉和螺柱》GB/T 3098.1—2010
		覆面龙骨	《建筑用轻钢龙骨》GB/T 11981—2008
		挂件	《建筑用轻钢龙骨配件》JC/T 558—2007
		自攻螺钉	《墙板自攻螺钉》GB/T 14210—1993
明架龙骨	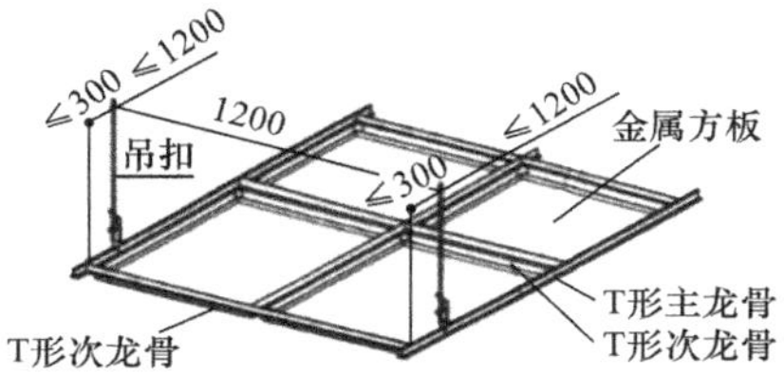	吊杆	《紧固件机械性能　螺栓、螺钉和螺柱》GB/T 3098.1—2010
		承载龙骨	《建筑用轻钢龙骨》GB/T 11981—2008
		主龙骨	
		吊件	《建筑用轻钢龙骨配件》JC/T 558—2007

续表

类型	简图	组成	产品标准
条板吊顶	ϕ8钢筋吊杆 龙骨 84宽C形铝合金条板	吊杆	《紧固件机械性能　螺栓、螺钉和螺柱》GB/T 3098.1—2010
		承载龙骨	《建筑用轻钢龙骨》GB/T 11981—2008
格栅吊顶	弹簧吊扣 钢丝卡环 主骨条 次龙骨 副骨条 次龙 主龙 1200 1200 1200	吊杆	《紧固件机械性能　螺栓、螺钉和螺柱》GB/T 3098.1—2010
		挂件	《建筑用轻钢龙骨配件》JC/T 558—2007
垂片吊顶	ϕ6钢筋吊杆 100/150/200垂片龙骨 100/200铝合金条板垂片	吊杆	《紧固件机械性能　螺栓、螺钉和螺柱》GB/T 3098.1—2010
		承载龙骨	《建筑用轻钢龙骨》GB/T 11981—2008

6 室内门窗

根据设计要点，室内门窗（指无特殊功能要求的分室门和普通窗）主要考虑开启形式、装饰效果、环保性、安全性、适用性、耐久性等，《指南》针对室内门窗及相应的产品标准进行梳理研究，按照相关产品标准对门窗的分类，将室内门类型分为木质门、钢木门、铝合金门和塑料门（俗称塑钢门），将室内窗分为木质窗、铝合金窗和塑料窗（俗称塑钢窗）。

使用本章时的顺序和方法：

1）选择需要关注的功能和性能——参考6.1；

2）根据选定的功能和性能选择匹配的产品——参考表6-2；

3）查看具体的产品性能及执行标准——参考6.2。

6.1 设计要点

室内门窗设计执行及参考的工程标准主要有：

《建筑与市政工程无障碍通用规范》GB 55019—2021

《民用建筑通用规范》GB 55031—2022

《建筑防火通用规范》GB 55037—2022

《民用建筑隔声设计规范》GB 50118—2010

《建筑装饰装修工程质量验收标准》GB 50210—2018

《民用建筑工程室内环境污染控制标准》GB 50325—2020

《塑料门窗工程技术规程》JGJ 103—2008

《建筑玻璃应用技术规程》JGJ 113—2015

《铝合金门窗工程技术规范》JGJ 214—2010

门窗是围蔽墙体洞口、可开启关闭的建筑部件。《民用建筑通用规范》GB 55031—2022明确规定，门窗选用应根据建筑使用功能、节能要求、所在地区气候条件等因素综合确定，应满足抗风、水密、气密等性能要求，并应综合考虑安全、采光、节能、通风、防火、隔声等要求。但上述要求主要是针对室外门窗和有特殊功能要求的门窗提出的，对于《指南》涉及的室内门窗而言，设计选用时并不需要考虑抗风、水密、气密和节能等要求，而对于防盗门以及防火门窗的设计可参照现行国家有关标准，见表6-1。

防盗门及防火门窗设计与做法参考 **表6-1**

门类型	参考标准
防盗门	《安全防范工程技术标准》GB 50348—2018 《防盗安全门通用技术条件》GB 17565—2022

续表

门类型	参考标准
防火门窗	《建筑防火通用规范》GB 55037—2022 《防火门》GB 12955—2008 《防火窗》GB 16809—2008

根据《建筑门窗术语》GB/T 5823—2008，门按构造分类，可分为夹板门、镶板门、镶玻璃门、全玻璃门、固定玻璃（镶板）门、格栅门、百叶门、带纱扇门和连窗门等；窗按构造分类，可分为单层窗、双重窗、固定玻璃窗和百叶窗等。然而，目前门窗的相关产品标准，均是按主要型材材质进行分类和界定的，包括木门窗、铝合金门窗、塑料门窗等，按构造分类的门窗或采用不同面板的门通常是包含于这些产品标准中，即不同构造的门窗或采用不同面板的门均根据主要型材材质进行归类并执行相应的产品标准。因此，《指南》根据现行相关产品标准的框架，按不同型材材质的门窗梳理性能和要求。

结合现行相关产品标准和前期的行业调研，室内门窗作为室内装饰装修的组成部分，主要需考虑开启形式、装饰效果、环保性、安全性、适用性和耐久性等。此外，设计也可根据不同应用场景和需求，对门窗提出防霉性等特殊功能要求。

6.1.1 开启形式

门窗的开启形式需要根据具体使用场景进行选用。室内门的开启形式主要是平开、推拉以及折叠几类；室内窗还需考虑空间使用问题，因此开启形式主要是推拉类，部分建筑也会使用平开类。具体而言，平开门窗指的是转动轴位于门窗侧边，门窗扇向门窗框平面外旋转开启的门窗；推拉门窗是门窗扇在平行门窗框的平面内沿水平方向移动启闭的门窗；折叠门是用合页（铰链）连接的多个门扇折叠开启的门。

6.1.2 装饰效果

室内门窗设计不仅注重其实用性，且更看重其装饰性，因此造型设计是重要的设计要素。其中，木门窗式样众多（如中式仿古门窗、欧式门窗、日式门窗等）且色彩丰富，可根据室内装饰风格选择，是最为常用的品类。设计选用时，可根据不同装饰档次和设计风格，选择优质硬木制成的实木门窗或实木复合门窗，也可采用多种仿制实木效果的木质复合门窗。

6.1.3 环保性

《民用建筑工程室内环境污染控制标准》GB 50325—2020 对室内用材料的环保性能提出了明确规定。如木门窗中含有胶粘剂，因此其甲醛释放量应予以重点把控，木门窗使用涂层时其涂料通常为高分子材料，涂料的 VOC 也需加以控制。

6.1.4 安全性

安全性指的是门窗在承受外力作用时不被破坏的能力。门在室内环境中，通常会受到人或物体的冲击，因此室内门需要具有抵抗冲击的能力。从抗震要求角度考虑室内门的安全性时，设计可以对门抵抗变形的能力提出要求。对于室内窗而言，一般不会考虑安全性，但部分标准中对其安全性提出了要求，设计选用时可根据窗的具体类型提出相应要求。

6.1.5 适用性

适用性是指门窗需要具备的基本使用功能。室内门作为方便出入行走的部件，室内窗作为通风的部件，其开启部位启闭力是必须要满足使用需求的。设计可根据不同应用场景和室内门窗的类型提出。值得注意的是，根据《建筑用钢木室内门》JG/T 392—2012 的有关规定，钢木门除需满足启闭力要求外，还针对启闭角度提出了要求，其他门窗产品标准并未涉及该指标。

室内门窗通常不会考虑隔声要求，但根据《民用建筑隔声设计规范》GB 50118—2010 的有关规定，学校、医院等一些特殊功能需求的场所，对门窗的空气声隔声有一定要求，设计时应根据不同应用场景明确隔声要求，选用隔声型门窗。隔声性能的影响因素较多，较难把控，除与门窗的构造有关外，还与门窗开启形式、各种缝隙的密封情况等因素有关，设计时应综合予以考虑。如《铝合金门窗工程技术规范》JGJ 214—2010，其隔声性能构造设计规定如下：

（1）采用中空玻璃或夹层玻璃。

（2）玻璃镶嵌缝隙及框与扇开启缝隙，采用耐久性好的弹性密封材料密封。

（3）采用双重门窗。

（4）门窗框与洞口之间的安装缝隙进行密封处理。

此外，有些应用场景还需考虑室内窗的采光性能要求，选用时需予以注意。

6.1.6 耐久性

耐久性是门窗经过一定使用期限后仍能保持正常使用功能的能力，需根据不同应用场景对室内门窗的使用程度和设计工作年限提出具体要求。门窗的反复启闭次数是最为重要的耐久性指标。门通常要求是不应小于 10 万次，窗通常要求是不应小于 1 万次。对于启闭频繁或设计工作年限要求较高的门窗，其反复启闭性能可根据实际使用需要，适当提高反复启闭的设计次数。

6.2 产品选型及相关标准

室内门设计时，首先需根据不同应用场景进行选型，对于卧室等干燥环境，宜采用木门、钢木门等；对于厨房、卫生间等潮湿环境，宜采用铝合金门、塑料门等。在此基础上，需进一步选择门的开启形式，如平开门、推拉门以及折叠门等。室内窗设计时，需根据不同应用场景和通风要求，考虑窗的装饰效果和开启形式，选择木质窗、铝合金窗或塑料窗。

在本章第 6.1 节的基础上，《指南》将上述类型门窗的性能指标进行了归类梳理，见表 6-2 和表 6-3，设计选用时可根据表 6-2 和表 6-3 明确门窗装饰效果、开启形式、环保性、安全性、适用性和耐久性所对应的具体性能指标，在本节第 6.2.1 条～第 6.2.5 条中，《指南》进一步将这些具体性能指标的相关标准以及标准对性能指标的要求进行阐释，供设计参考。

室内门选型因素与性能指标对照　　表 6-2

类型	开启形式	装饰效果	环保性	安全性	适用性	耐久性	标准名称
木质门	平开门、推拉门、折叠门	涂饰漆，装饰单板、各种贴面材料等	重金属限量、甲醛释放量、VOC	门扇耐冲击性能	空气声隔声性能	反复启闭可靠性	《木门分类和通用技术要求》GB/T 35379—2017
	平开门、推拉门、推拉平开门、折叠平开门、折叠推拉门	涂饰、装饰单板、覆面材料等	可溶性重金属含量、甲醛释放量	抗垂直载荷性能、抗静扭曲性能、耐软重物撞击性能	启闭力、空气声隔声性能	反复启闭耐久性	《木门窗》GB/T 29498—2013
钢木门	平开类、推拉类、折叠类	涂层、覆膜、木饰板	甲醛释限量、重金属含量	抗撞击性能、抗垂直荷载性能（平开门）、抗静扭曲性能（平开门）	启闭力、启闭角度	反复启闭性能	《建筑用钢木室内门》JG/T 392—2012
铝合金门	平开旋转类、推拉平移类、折叠类	暂无	暂无	耐软重物撞击性能、耐垂直荷载性能、抗静扭曲性能、抗扭曲变形性能、抗对角线变形性能、抗大力关闭性能	启闭力、空气声隔声性能	反复启闭耐久性	《铝合金门窗》GB/T 8478—2020
塑料门	平开类、推拉类、折叠类	暂无	暂无	悬端吊重、翘曲、弯曲、扭曲、大力关闭、焊接角破坏力、垂直荷载、软重物体撞击	锁闭器（执手）的开关力、门的开关力、空气声隔声性能	反复启闭性能	《建筑用塑料门》GB/T 28886—2012

注：不同标准对耐久性表征指标采用了不同名称，包括反复启闭性能、反复启闭可靠性和反复启闭耐久性，但实际上均是采用反复启闭次数定义其性能，属于相同概念。

室内窗选型因素与性能指标对照　　表 6-3

类型	开启形式	装饰效果	环保性	安全性	适用性	耐久性	标准名称
木质窗	平开窗、推拉窗	涂饰	可溶性重金属含量、甲醛释放量	暂无	启闭力、空气声隔声性能	反复启闭耐久性	《木门窗》GB/T 29498—2013
铝合金窗	平开旋转类、推拉平移类	暂无	暂无	耐垂直荷载性能（平开窗）、抗扭曲变形性能（推拉窗）、抗对角线变形性能（推拉窗）、撑挡定位耐静荷载性能（内平开窗）	启闭力、空气声隔声性能	反复启闭耐久性	《铝合金门窗》GB/T 8478—2020
塑料窗	平开类（内平开、外平开）、推拉类	暂无	暂无	悬端吊重（平开窗）、翘曲（平开窗）、弯曲（推拉窗）、扭曲（推拉窗）、大力关闭（平开窗）、焊接角破坏力、撑挡（平开窗）	锁闭器（执手）的开关力、窗的开关力、空气声隔声性能	反复启闭性能	《建筑用塑料窗》GB/T 28887—2012

注：不同标准对耐久性表征指标采用了不同名称，包括反复启闭性能、反复启闭可靠性和反复启闭耐久性，但实际上均是采用反复启闭次数定义其性能，属于相同概念。

值得一提的是，本章仅针对与工程标准有关以及比较关键的指标进行阐述，在实际选用时，不同种类门窗仍应满足相关产品标准要求的全部性能指标。

6.2.1　门窗通用技术条件

门窗的种类很多，不同材质和构造形式的性能要求可能均有差异，不同型材材质的门窗均有相应的产品标准规定其性能，但为了便于设计选用，一些通用性能的表征指标和分级可参照《建筑幕墙、门窗通用技术条件》GB/T 31433—2015 进行规定。

《指南》结合室内门窗的设计要点和《建筑幕墙、门窗通用技术条件》GB/T 31433—2015 对室内门窗的相关规定，将室内门窗通用性能分为必需性能和选择性能，见表 6-4。值得注意的是，《建筑幕墙、门窗通用技术条件》GB/T 31433—2015 对开启形式、装饰效果和环保性并未提出要求，表 6-4 仅涉及安全性、适用性和耐久性。

室内门窗必需性能和选择性能　　表 6-4

性能		内门	内窗
安全性	平面内变形性能	◎	—
	耐撞击性能	◎	—
适用性	启闭力	◎	◎
	空气声隔声性能	○	○
	耐垂直荷载性能	○	○
	抗静扭曲性能	○	—
	抗扭曲变形性能	○	—
	抗对角线变形性能	○	—
	抗大力关闭性能	○	—
	采光性能	—	○
耐久性	反复启闭性能	◎	◎

注：1. “◎”为必需性能；“○”为选择性能；“—”为不要求。
2. 《建筑幕墙、门窗通用技术条件》GB/T 31433—2015 规定室内门窗的选择性能还包括耐火完整性、气密性能和保温性能，对于室内门窗而言并不涉及这些性能要求，故本表中并未列出；
3. 《建筑幕墙、门窗通用技术条件》GB/T 31433—2015 规定平面内变形性能为内门必需性能，但不同型材材质的内门所对应的产品标准均未涉及该指标，设计有需求时可单独提出；
4. 《建筑幕墙、门窗通用技术条件》GB/T 31433—2015 规定采光性能为内窗选择性能，除《木门窗》GB/T 29498—2013 对采光性能进行了分级规定外，其他不同型材材质的内窗所对应的产品标准均未涉及该指标，设计有需求时可单独提出。

《建筑幕墙、门窗通用技术条件》GB/T 31433—2015 对表 6-4 中的必需性能和选择性能要求规定如下：

（1）安全性指标有耐撞击性能和平面内变形性能，主要是室内门的必需性能要求，对室内窗不作要求。耐撞击性能根据门所能承受的软重物体最大下落高度表征并分级，见表 6-5；平面内变形性能可采用层间位移角表征和分级，见表 6-6。

门耐撞击性能分级　　表 6-5

分级	1	2	3	4	5	6
软重物下落高度（mm）	100	200	300	450	700	950

门平面内变形性能分级 **表 6-6**

分级	1	2	3	4	5
层间位移角 γ	$1/400 \leqslant \gamma < 1/300$	$1/300 \leqslant \gamma < 1/200$	$1/200 \leqslant \gamma < 1/150$	$1/150 \leqslant \gamma < 1/100$	$\gamma \geqslant 1/100$

（2）适用性的必需性能为启闭力，对室内门和室内窗均为必需性能，以活动扇操作力和锁闭装置操作力为分级指标，见表 6-7。

门窗启闭力性能分级 **表 6-7**

分级			1	2	3	4	5	6
活动扇操作力 F_h（N）			$150 \geqslant F_h > 100$	$100 \geqslant F_h > 75$	$75 \geqslant F_h > 50$	$50 \geqslant F_h > 25$	$25 \geqslant F_h > 10$	$F_h \leqslant 10$
锁闭装置操作力	手操作	最大力 F_{a1}（N）	$150 \geqslant F_{a1} > 100$	$100 \geqslant F_{a1} > 75$	$75 \geqslant F_{a1} > 50$	$50 \geqslant F_{a1} > 25$	$25 \geqslant F_{a1} > 10$	$F_{a1} \leqslant 10$
		最大力矩 M_{a1}（N·m）	$15 \geqslant M_{a1} > 10$	$10 \geqslant M_{a1} > 7.5$	$7.5 \geqslant M_{a1} > 5$	$5 \geqslant M_{a1} > 2.5$	$2.5 \geqslant M_{a1} > 1$	$M_{a1} \leqslant 1$
	手指操作	最大力 F_{a2}（N）	$30 \geqslant F_{a2} > 20$	$20 \geqslant F_{a2} > 15$	$15 \geqslant F_{a2} > 10$	$10 \geqslant F_{a2} > 6$	$6 \geqslant F_{a2} > 4$	$F_{a2} \leqslant 4$
		最大力矩 M_{a2}（N·m）	$7.5 \geqslant M_{a2} > 5$	$5 \geqslant M_{a2} > 4$	$4 \geqslant M_{a2} > 2.5$	$2.5 \geqslant M_{a2} > 1.5$	$1.5 \geqslant M_{a2} > 1$	$M_{a2} \leqslant 1$

注：活动扇操作力、锁闭装置操作力和力矩分别定级后，以最低分级定为启闭力分级。特种规格、特种形式门，可由供需双方商定指标值。

（3）耐久性指标有反复启闭性能，对室内门和室内窗均为必需性能，室内门反复启闭次数不应小于 10 万次，室内窗的开启部位启闭次数不应小于 1 万次。

（4）对于表 6-4 中的选择性能指标，设计可根据不同类型门窗和具体使用需求进行选择，具体指标（分级）见表 6-8～表 6-12。

门窗空气声隔声性能分级 **表 6-8**

分级	1	2	3	4	5	6
计权隔声量和粉红噪声频谱修正量之和 R_w+C（dB）	$20 \leqslant R_w+C < 25$	$25 \leqslant R_w+C < 30$	$30 \leqslant R_w+C < 35$	$35 \leqslant R_w+C < 40$	$40 \leqslant R_w+C < 45$	$R_w+C \geqslant 45$

门（平开旋转类）耐垂直荷载性能分级 **表 6-9**

分级	1	2	3	4
开启状态下施加的垂直静荷载 F（N）	100	300	500	800

门（平开旋转类）抗静扭曲性能分级 **表 6-10**

分级	1	2	3	4
开启状态下施加的水平静荷载 F（N）	200	250	300	350

门抗扭曲变形性能、抗对角线变形性能、抗大力关闭性能 **表 6-11**

指标	要求
抗扭曲变形性能	活动扇施加 200N 作用力时，镶嵌位置的卸载残余变形量不应大于 1mm
抗对角线变形性能	活动扇施加 200N 作用力时，活动扇残余变形量不应大于 5mm
抗大力关闭性能	采用试验负荷为 75Pa 乘以门扇的面积，试验负荷通过定滑轮作用在门扇的执手处，试验后，门不应发生破坏或功能障碍

窗采光性能分级　表 6-12

分级	1	2	3	4	5
透光折减系数 T_r	$0.20 \leqslant T_r < 0.30$	$0.30 \leqslant T_r < 0.40$	$0.40 \leqslant T_r < 0.50$	$0.50 \leqslant T_r < 0.60$	$T_r \geqslant 0.60$

6.2.2 木质门窗

木质门窗是室内门窗最为常用的种类，按不同木材类型，可以分为实木门窗、实木复合门窗以及木质复合门窗。实木门窗是采用锯材或集成材（含指接材）制作的木门窗，其装饰效果通常是木材本身，表面经过清漆涂饰起保护作用。实木复合门窗以装饰单板或重组装饰单板为饰面材料，实木锯材、指接材、集成材、单板层积材等材料为骨架材料或门框，纤维板或刨花板等人造板材为芯层材料制作的木门窗。木质复合门窗是指实木门及实木复合门以外的木门窗，一般以表面材料的种类进行区分，其表面材料包括聚氯乙烯薄膜（PVC）、连续低压装饰层积板（CPL）、热固性树脂浸渍纸高压装饰层积板（HPL）和装饰纸等。

木门窗的相关标准主要包括《木门分类和通用技术要求》GB/T 35379—2017 和《木门窗》GB/T 29498—2013，其主要性能要求和对比如下：

（1）开启形式

室内门：《木门分类和通用技术要求》GB/T 35379—2017 对木门的开启形式分类比较简单，分为平开门、弹簧门、推拉门、折叠门、旋转门；《木门窗》GB/T 29498—2013 对木门开启形式的分类更为详细，包括平开门、推拉门、推拉平开门、折叠平开门、折叠推拉门和弹簧门。

室内窗：《木门窗》GB/T 29498—2013 对木窗开启形式的分类包括上悬窗、下悬窗、中悬窗、平开窗、推拉窗、平开下悬窗等，但对于室内窗而言，较为常用的是推拉窗，其次是平开窗。

（2）环保性指标

这两个标准中，主要针对木门窗的甲醛释放量和重金属含量提出要求，见表 6-13。

木质门窗环保性指标　表 6-13

性能指标	《木门分类和通用技术要求》GB/T 35379—2017	《木门窗》GB/T 29498—2013
甲醛释放量	门扇和门框的甲醛释放量均应符合现行国家标准《室内装饰装修材料　人造板及其制品中甲醛释放限量》GB 18580 中 E1 级的要求	木门窗甲醛释放量应符合《室内装饰装修材料　人造板及其制品中甲醛释放限量》GB 18580—2001 中 E1 级的规定
重金属含量	木门（包括门扇和门框）重金属限量应符合现行国家标准《室内装饰装修材料　木家具中有害物质限量》GB 18584 中的要求	色漆饰面木门窗的可溶性重金属含量应符合现行国家标准《室内装饰装修材料　木家具中有害物质限量》GB 18584 的规定

值得注意的是，现行国家标准《室内装饰装修材料　人造板及其制品中甲醛释放限量》GB 18580 为 2017 年发布，与 2001 年版本相比，主要技术内容变化如下：1）修改了 $1m^3$ 气候箱法试验方法，改为引用；2）取消了 40L 干燥器法及限量值；取消了（9～11）L 干燥器法、穿孔萃取法的限量值；3）（9～11）L 干燥器法、穿孔萃取法仅用于生产质量控制。$1m^3$ 气候箱法试验方法、（9～11）L 干燥器法和穿孔萃取法是三种检测甲醛释放量的试验方法，根据检测原理，对于同一试块，采用不同甲醛释放量的试验方法，其结果也是不同的，其中 $1m^3$ 气候箱法试验方法更为严格，其限量值也与国际标准的要求基本一

致，如 ISO 16893：2016《木质人造板　刨花板》和 ISO 16895：2016《木质人造板　干法纤维板》。因此，木门选用时建议明确甲醛释放量的试验方法为 $1m^3$ 气候箱法。

根据《木门窗》GB/T 29498—2013 的规定，重金属含量主要是可溶性重金属，包括可溶性铅、可溶性镉、可溶性铬、可溶性汞，而这些可溶性重金属存在于木家具表面采用的色漆涂层中。因此，对可溶性重金属限量的要求仅限于采用色漆表面的木门。

另外，《木门分类和通用技术要求》GB/T 35379—2017 提到木门如对有机挥发物（VOC）有要求时，可由供需双方协商，在合同中约定。根据《民用建筑工程室内环境污染控制标准》GB 50325—2020，室内采用溶剂型涂料的有机挥发物（VOC）和苯、甲苯＋二甲苯＋乙苯限量应符合现行国家标准《木器涂料中有害物质限量》GB 18581 的规定。因此，采用溶剂型涂料的木门，应对有机挥发物（VOC）和苯、甲苯＋二甲苯＋乙苯的含量提出要求。

（3）安全性指标

木门窗相关标准中，主要针对木门提出了安全性指标要求，而对于木窗没有涉及。《木门分类和通用技术要求》GB/T 35379—2017 对门扇耐冲击性能提出要求；《木门窗》GB/T 29498—2013 对木门性能要求较多，但均是对平开门提出的要求，包括抗垂直载荷性能、抗静扭曲性能、耐软重物撞击性能，见表 6-14。

木质门安全性指标　　表 6-14

性能指标	《木门分类和通用技术要求》GB/T 35379—2017	《木门窗》GB/T 29498—2013
耐冲击性能	冲击试验后，门扇应保持完整、无开裂、无变形	暂无
耐软重物撞击性能（平开门）	暂无	撞击后无明显变形、无破损及玻璃脱落现象、启闭无异常
抗垂直载荷性能（平开门）	暂无	500N 垂直静荷载，门残余变形量小于 3mm，启闭正常
抗静扭曲性能（平开门）	暂无	试验载荷 F 为 200N，门残余变形量小于 3mm，启闭正常

耐冲击性能和耐软重物撞击性能所表征的安全性要求基本是一致的，《木门分类和通用技术要求》GB/T 35379—2017 中门扇耐冲击性能与《木门窗》GB/T 29498—2013 中耐软重物撞击性能的试验方法均采用现行国家标准《整樘门　软重物体撞击试验》GB/T 14155，这也与《建筑幕墙、门窗通用技术条件》GB/T 31433—2015 对耐撞击性能的要求一致。《木门窗》GB/T 29498—2013 对耐软重物撞击性能试验的下落高度提出了具体要求，即落高 300mm，对应表 6-5 的分级，为 3 级。

此外，《木门窗》GB/T 29498—2013 对平开门提出了抗垂直荷载性能和抗静扭曲性能要求，这两个指标也是《建筑幕墙、门窗通用技术条件》GB/T 31433—2015 中的选择性指标。

综上，对木质门提出安全性要求时，可采用《木门窗》GB/T 29498—2013 的耐软重物撞击性能要求；而采用平开类木质门时，则可以根据《木门窗》GB/T 29498—2013，对木质门的抗垂直荷载性能和抗静扭曲性能提出要求。

（4）适用性指标

《木门窗》GB/T 29498—2013 针对门窗均提出了启闭力要求。启闭力应遵守开启无障碍或方便出入的原则，建议设计时予以考虑。根据《木门窗》GB/T 29498—2013，对于住宅、办公类建筑用门窗，平开门窗在不大于80N、推拉门窗在不大于100N操纵力作用下，应灵活开启和关闭；带有自动关闭装置（如地弹簧）的门、折叠推拉门等，启闭力性能应按设计要求和供需双方协商确定。

对于有隔声要求的木质门窗，《木门分类和通用技术要求》GB/T 35379—2017要求是按照《建筑门窗空气声隔声性能分级及检测方法》GB/T 8485—2008的相关要求执行，《木门窗》GB/T 29498—2013则对隔声性能进行分级提出要求，二者的要求实际上是一致的，门窗的空气声隔声性能分级与检测均是参照《建筑门窗空气声隔声性能分级及检测方法》GB/T 8485—2008的有关规定进行，且与《建筑幕墙、门窗通用技术条件》GB/T 31433—2015的要求一致，见表6-8。

此外，值得一提的是，《木门窗》GB/T 29498—2013对采光性能也进行了分级规定，与《建筑幕墙、门窗通用技术条件》GB/T 31433—2015的要求一致，见表6-12，但并未明确是否针对室内用木窗，对于有采光需求的室内木窗，设计选用时可参照表6-12进行定级。

（5）耐久性指标

《木门窗》GB/T 29498—2013和《木门分类和通用技术要求》GB/T 35379—2017均采用反复启闭性能表征，见表6-15。其中，《木门窗》GB/T 29498—2013对反复启闭的要求与《建筑幕墙、门窗通用技术条件》GB/T 31433—2015的要求一致。

木质门窗耐久性指标 **表6-15**

性能指标	《木门分类和通用技术要求》GB/T 35379—2017	《木门窗》GB/T 29498—2013
反复启闭性能（门）	启闭可靠性有特殊要求的木门，按照现行国家标准《门窗反复启闭耐久性试验方法》GB/T 29739的规定，经过规定次数的启闭实验后，无松动、脱落与启闭不灵活，门扇与门框缝隙无变化、螺钉无松动	住宅、办公类建筑用普通平开门、推拉门、平开下悬门，反复启闭无异常，使用无障碍。门应大于或等于10万次
反复启闭性能（窗）	暂无	窗大于或等于1万次

6.2.3 铝合金门窗

铝合金门窗是采用铝合金建筑型材制作框、扇杆件结构的门窗，相关标准为《铝合金门窗》GB/T 8478—2020，其主要性能和要求如下：

（1）该标准中并未对铝合金门窗的装饰效果提出要求，其中铝合金门用于室内时通常为全玻璃门。对于全玻璃门，除了满足铝合金门的要求外，还需参照《建筑玻璃应用技术规程》JGJ 113—2015进行设计选用。铝合金门窗外观效果主要取决于型材涂层和玻璃，设计可根据具体工程进行选用。铝合金门窗的开启形式分为平开旋转类、推拉平移类和折叠类，见表6-16。

铝合金门开启形式 **表6-16**

开启类别	平开旋转类	推拉平移类			折叠类	
门开启形式	平开（合页）	推拉	提升推拉	推拉下悬	折叠平开	折叠推拉
窗开启形式	平开（合页）	推拉			—	

注：《铝合金门窗》GB/T 8478—2020平开旋转类还包括平开门（地弹簧）、上悬窗、下悬窗等，推拉平移类还包括提升推拉窗、提拉窗等，以及折叠类窗，室内很少涉及，因此本表并未列出，有选用需求时可参照《铝合金门窗》GB/T 8478—2020。

（2）该标准中并未对铝合金门窗环保性提出要求，但需要注意的是铝合金门窗的配件包括密封胶，密封胶通常是高分子材料，也会包含有害物质。

（3）该标准根据不同开启形式的门窗提出了不同的安全性指标要求，见表6-17和表6-18，具体的指标要求见表6-19和表6-20。其中耐软重物撞击性能（即《建筑幕墙、门窗通用技术条件》GB/T 31433—2015中的耐撞击性能）、耐垂直荷载性能和抗静扭曲性能规定按《建筑幕墙、门窗通用技术条件》GB/T 31433—2015进行分级，设计选用时可根据具体需求按《建筑幕墙、门窗通用技术条件》GB/T 31433—2015定级，见表6-5、表6-9、表6-10。此外，门抗扭曲变形性能、抗对角线变形性能和抗大力关闭性能，窗撑挡定位耐静荷载性能、抗扭曲变形性能和抗对角线变形性能，应按《铝合金门窗》GB/T 8478—2020要求进行规定。

不同开启形式的铝合金门安全性指标 **表6-17**

指标	平开旋转类	推拉平移类			折叠类	
	平开（合页）	推拉	提升推拉	推拉下悬	折叠平开	折叠推拉
耐软重物撞击性能	√	√	√	√	√	√
耐垂直荷载性能	√	暂无	暂无	暂无	√	暂无
抗静扭曲性能	√	暂无	暂无	暂无	√	暂无
抗扭曲变形性能	暂无	√	√	√	暂无	暂无
抗对角线变形性能	暂无	√	√	√	暂无	暂无
抗大力关闭性能	√	暂无	暂无	暂无	暂无	暂无

注：“√”为必选指标。

不同开启形式的铝合金窗安全性指标 **表6-18**

指标	内平开（合页）	推拉
耐垂直荷载性能	√	暂无
撑挡定位耐静荷载性能	√	暂无
抗扭曲变形性能	暂无	√
抗对角线变形性能	暂无	√

注：“√”为必选指标。

铝合金门安全性指标要求 **表6-19**

指标	要求
耐软重物撞击性能	以门扇所能承受的软重物体最大下落高度为性能指标，其分级应符合现行国家标准《建筑幕墙、门窗通用技术条件》GB/T 31433的规定。门扇薄弱部位在性能分级指标值高度下落的砂袋撞击后，门应保持正常启闭功能，玻璃（或其他面板）不应脱落，除钢化玻璃外，不应有玻璃破坏
耐垂直荷载性能	以开启扇自由端所能承受的最大垂直荷载作为性能指标，其分级应符合现行国家标准《建筑幕墙、门窗通用技术条件》GB/T 31433的规定。在分级指标值作用下，门扇自由端残余下垂量不应大于3mm，且保持正常启闭功能
抗静扭曲性能	以开启扇所能承受的垂直其平面的最大水平静态试验荷载作为性能指标，其分级应符合现行国家标准《建筑幕墙、门窗通用技术条件》GB/T 31433的规定。在分级指标值作用下，门扇自由端残余变形量不应大于5mm，且保持正常启闭功能

续表

指标	要求
抗扭曲变形性能	推拉门活动扇开启部位在启、闭方向上承受200N作用力后，其镶嵌位置残余变形量不应大于1mm，且保持正常启闭功能。无外凸执手的推拉门不作此性能要求
抗对角线变形性能	推拉门活动扇在其一端角部卡阻情况下，其开启部位在启、闭方向上承受200N作用力后，扇对角线残余变形量不应大于5mm，且保持正常启闭功能
抗大力关闭性能	平开旋转类门活动扇开启45°±5°时，其开启部位在75Pa乘以活动扇面积的荷载作用力下猛力关闭，重复10次，门不应发生影响正常使用的变形、故障和破坏

铝合金窗安全性指标要求　　表6-20

指标	要求
耐垂直荷载性能	以开启扇自由端所能承受的最大垂直荷载作为性能指标，其分级应符合现行国家标准《建筑幕墙、门窗通用技术条件》GB/T 31433的规定。在分级指标值作用下，窗扇自由端残余下垂量不应大于3mm，且保持正常启闭功能
撑挡定位耐静荷载性能	窗在撑挡定位开启状态下，在活动扇开启部位垂直扇平面向关闭和开启方向分别施加荷载，摩擦式撑挡为40N作用力，锁定式撑挡为200N作用力，撑挡及其与框、扇连接部位不应发生破坏，定位功能正常
抗扭曲变形性能	推拉窗活动扇开启部位在启、闭方向上承受200N作用力后，其镶嵌位置残余变形量不应大于1mm，且保持正常启闭功能。无外凸执手的推拉窗不作此性能要求
抗对角线变形性能	推拉窗活动扇在其一端角部卡阻情况下，其开启部位在启、闭方向上承受200N作用力后，扇对角线残余变形量不应大于5mm，且保持正常启闭功能

(4) 铝合金门窗适用性指标为启闭力（包括活动扇操作力和锁闭装置操作力）和空气声隔声性能，分级符合《建筑幕墙、门窗通用技术条件》GB/T 31433—2015的规定，见表6-7、表6-8。该标准对隔声型门窗的规定为隔声性能值（即计权隔声量和粉红噪声频谱修正量之和（R_w+C））不应小于35dB。

值得注意的是，《铝合金门窗》GB/T 8478—2020对于隔声型门窗的必选性能要求包括气密性能，即隔声型铝合金内门窗需同时满足空气声隔声性能和气密性能要求，其气密性能定级按《建筑幕墙、门窗通用技术条件》GB/T 31433—2015的规定进行。

(5) 铝合金门窗的耐久性以不发生影响正常启闭使用的变形、故障和破坏的反复启闭次数为性能指标，见表6-21；门窗框扇连接铰链配件（滑轮、滑撑、合页等）应满足整樘门窗反复启闭耐久性各分级试验次数要求，试验中不得更换；门窗的反复启闭试验时如不包括锁固及限位等装置，则该类装置的反复启闭次数应满足其产品标准的相关要求和整樘门窗反复启闭使用要求。复合开启形式（如折叠平开、折叠推拉、提升推拉等）的门，其反复启闭次数由供需双方商定。

铝合金门窗反复启闭耐久性分级　　表6-21

开启类别	分级			反复启闭试验时锁固及限位装置配置要求
	1	2	3	
推拉平移类、平开旋转类门	10万次	20万次	暂无	可不包括锁闭、插销等装置的反复启闭
推拉平移类、平开旋转类窗	1万次	2万次	3万次	内平开窗可不包括撑挡、插销等装置的反复启闭

注：1. 门锁固装置包括门锁闭器、童锁等锁闭装置和门插销等固定装置；门限位装置包括门的撑挡、微通风定位器等装置；
2. 平开旋转类门不包括平开门（地弹簧）；
3. 推拉平移类窗仅包括推拉窗；平开旋转类窗仅包括平开（合页）窗。

6.2.4 塑料门窗

塑料门窗是基材为未增塑聚氯乙烯（PVC-U）型材并内衬增强型钢的门窗，俗称塑钢门窗，相关标准是《建筑用塑料门》GB/T 28886—2012 和《建筑用塑料窗》GB/T 28887—2012，其主要性能和要求如下：

（1）这两个标准中并未对塑料门窗的装饰效果和环保性提出要求，塑料门窗的开启形式见表 6-22 和表 6-23。

塑料门开启形式　　表 6-22

项目	分类						
开启形式	内平开	外平开	内平开下悬	推拉下悬	折叠	推拉	提升推拉

注：《建筑用塑料门》GB/T 28886—2012 规定的开启形式还包括地弹簧，室内门应用较少，本表并未列出。

塑料窗开启形式　　表 6-23

项目	分类			
开启形式	内平开	外平开	推拉	上下推拉

注：《建筑用塑料窗》GB/T 28887—2012 规定的开启形式还包括上悬、中悬和下悬等，室内窗应用较少，本表并未列出。

（2）塑料门窗的安全性、适用性及耐久性指标根据不同开启形式的门窗分别进行了规定，见表 6-24～表 6-27。塑料门标准中对软重物撞击性能（即《建筑幕墙、门窗通用技术条件》GB/T 31433—2015 中的耐撞击性能）没有提出撞击高度要求，选用时可根据《建筑幕墙、门窗通用技术条件》GB/T 31433—2015 分级要求进行明确，见表 6-5。此外，塑料门窗由于自身材质的特性，其安全性有一些特殊要求，如翘曲、焊接角破坏力等，设计时需予以注意。

外平开、内平开、内平开下悬、推拉下悬、折叠
塑料门安全性、适用性及耐久性指标要求　　表 6-24

指标	要求
锁闭器（执手）的开关力	不大于 100N（力矩不大于 10N·m）
门的开关力	不大于 80N
悬端吊重	在 500N 力作用下，残余变形不大于 2mm，试件不应损坏，仍保持使用功能
翘曲	在 300N 力作用下，允许有不影响使用的残余变形，试件不损坏，仍保持使用功能
大力关闭	经模拟 7 级风连续开关 10 次，试件不损坏，仍保持开关功能
反复启闭性能	经不少于 10 万次的开关试验，试件及五金配件不损坏，其固定处及玻璃压条不松脱，仍保持使用功能
焊接角破坏力	门框焊接角最小破坏力的计算值不应小于 3000N，门扇焊接角最小破坏力的计算值不应小于 6000N，且实测值均应大于计算值
垂直荷载	对门扇施加 30kg 荷载，门扇卸荷后的下垂量不应大于 2mm，开关功能正常
软重物体撞击	用 30kg 砂袋撞击锁闭状态下的门扇把手处一次，无破损，开关功能正常

注：推拉下悬门、折叠门反复启闭次数由供需双方协商确定；垂直荷载适用于外平开门、内平开门、内平开下悬门、折叠门；全玻门不检测软重物体撞击。

推拉、提升推拉塑料门安全性、适用性及耐久性指标要求　　表 6-25

指标	要求
锁闭器（执手）的开关力	门的重量小于 180kg 时，不大于 100N（力矩不大于 10N・m）
门的开关力	不大于 100N
弯曲	在 300N 力作用下，允许有不影响使用的残余变形，试件不破坏，仍保持使用功能
扭曲	在 200N 力作用下，试件不破坏，允许有不影响使用的残余变形
反复启闭性能	经不少于 10 万次的开关试验，试件及五金配件不损坏，其固定处及玻璃压条不松脱
焊接角破坏力	门框焊接角最小破坏力的计算值不应小于 3000N，门扇焊接角最小破坏力的计算值不应小于 4000N，且实测值均应大于计算值
软重物体撞击	用 30kg 砂袋撞击锁闭状态下的门扇把手处一次，无破损，开关功能正常

注：无凸出把手的推拉门不做扭曲试验；提升推拉门反复启闭次数由供需双方协商确定；全玻门不检测软重物体撞击。

外平开、内平开塑料窗安全性、适用性及耐久性指标要求　　表 6-26

指标	要求
锁闭器（执手）的开关力	不大于 80N（力矩不大于 10N・m）
窗的开关力（平合页）	不大于 80N
悬端吊重	在 500N 力作用下，残余变形不大于 2mm，试件不应损坏，仍保持使用功能
翘曲	在 300N 力作用下，允许有不影响使用的残余变形，试件不损坏，仍保持使用功能
撑挡	在 200N 力作用下，不允许位移，联接处型材不损坏
大力关闭	经模拟 7 级风连续开关 10 次，试件不损坏，仍保持开关功能
反复启闭性能	经不少于 1 万次的开关试验，试件及五金配件不损坏，其固定处及玻璃压条不松脱，仍保持使用功能
焊接角破坏力	窗框焊接角最小破坏力的计算值不应小于 2000N，窗扇焊接角最小破坏力的计算值不应小于 2500N，且实测值均应大于计算值

推拉塑料窗安全性、适用性及耐久性指标要求　　表 6-27

指标		要求
锁闭器（执手）的开关力		不大于 100N
窗的开关力	推拉窗	不大于 100N
	上下推拉窗	不大于 135N
弯曲		在 300N 力作用下，允许有不影响使用的残余变形，试件不损坏，仍保持使用功能
扭曲		在 200N 力作用下，试件不损坏，允许有不影响使用的残余变形
反复启闭性能		经不少于 1 万次的开关试验，试件及五金配件不损坏，其固定处及玻璃压条不松脱，仍保持使用功能
焊接角破坏力		窗框焊接角最小破坏力的计算值不应小于 2500N，窗扇焊接角最小破坏力的计算值不应小于 1800N，且实测值均应大于计算值

注：没有凸出把手的推拉窗不做扭曲试验。

6.2.5 钢木门

对于室内装饰装修而言，钢木门也是一种比较常用的室内门，在现有相关标准体系中，也有针对室内用钢木门的标准，因此《指南》将钢木门单独设为一条进行阐述。

钢木门是由木骨架和钢质面板为主要材料制作的门扇、门套组成的门，相关标准为

《建筑用钢木室内门》JG/T 392—2012，其主要性能和要求如下：

（1）钢木门的饰面材质分为三类，包括涂层、覆膜和木质板；按开启形式分为平开、推拉和折叠三大类，见表 6-28。

钢木门开启形式 **表 6-28**

平开类			推拉类		折叠类	
单扇平开	双扇平开	双向弹簧	单扇推拉	双扇推拉	单扇折叠	双扇折叠

（2）钢木门的主材包括木制品，且饰面也会采用涂层，因此该标准对甲醛释放量和重金属含量提出了要求，见表 6-29。值得注意的是，《建筑用钢木室内门》JG/T 392—2012 编制时间较早，对甲醛释放量的检测也是采用干燥器法或穿孔法，因此设计选用时建议参照本章第 6.2.2 条木质门窗的要求，明确甲醛释放量的检测方法采用 $1m^3$ 气候箱法。

钢木门环保性指标 **表 6-29**

性能指标	《建筑用钢木室内门》JG/T 392—2012
甲醛释放量	1. 胶合板等人造板甲醛释放量（干燥器法）不应大于 1.5mg/L 2. 刨花板甲醛释放量（穿孔法）不应大于 9mg/100g
重金属含量	符合现行国家标准《室内装饰装修材料　木家具中有害物质限量》GB 18584 的规定

（3）钢木门的安全性指标是抗撞击性能，对于平开门，还包括抗垂直荷载性能和抗静扭曲性能，见表 6-30。

钢木门的抗撞击性能要求与《建筑幕墙、门窗通用技术条件》GB/T 31433—2015 一致，均是采用现行国家标准《整樘门　软重物体撞击试验》GB/T 14155 试验方法进行检测，钢木门的抗撞击性能对应的是《建筑幕墙、门窗通用技术条件》GB/T 31433—2015 中的 2 级。

《建筑用钢木室内门》JG/T 392—2012 对抗垂直载荷性能的要求并没有明确垂直静荷载值，只是提出试验后残余下垂量不大于 3mm；同理，抗静扭曲性能也没有明确水平静荷载值；设计选用时若需要对平开门提出抗垂直荷载性能和抗静扭曲性能要求，可根据《建筑幕墙、门窗通用技术条件》GB/T 31433—2015 要求约定垂直静荷载值或水平静荷载值并定级。

钢木门安全性指标 **表 6-30**

性能指标	《建筑用钢木室内门》JG/T 392—2012
抗撞击性能	撞击体下落高度为 200mm，试验后试件应无明显变形及破坏，且使用功能正常
抗垂直载荷性能（平开门）	门扇在试验后残余下垂量不大于 3mm，且使用功能正常
抗静扭曲性能（平开门）	门扇在试验后不应出现明显变形，且使用功能正常

（4）钢木门适用性指标包括启闭角度和启闭力，要求是门扇应启闭灵活，无卡阻现象，启闭角度不应小于 90°，启闭力不应大于 50N。钢木门没有提出隔声相关要求，若设计选用有隔声需求时，可根据《建筑幕墙、门窗通用技术条件》GB/T 31433—2015 要求选用同，见表 6-8。

（5）钢木门耐久性指标为反复启闭性能，要求是门反复启闭次数不应少于 10 万次，且试验后使用功能正常。

7 厨卫

厨房和卫生间是建筑中较为特殊的功能空间，包括住宅厨卫和公共厨房[1]、公共卫生间。厨房和卫生间有较高的防水、防火、环保要求，厨房饰面的耐高温、耐酸碱、易擦洗等要求较高；卫生间的防水、耐水要求很高。同时，厨卫空间狭小，还集成了大量管线设备、部品部件，综合设计难度较大。《指南》梳理厨卫各部分的常用要求和执行标准，同时对整体厨房、整体卫浴两类较为特殊的产品主要性能指标进行了研究和梳理。

使用本章时的顺序和方法：

1）选择需要关注的功能和性能——参考 7.1；

2）根据选定的功能和性能选择匹配的产品——参考表 7-4、表 7-5；

3）查看具体的产品性能及执行标准——参考 7.2。

7.1 设计要点

厨卫设计执行及参考的工程标准主要有：

《建筑与市政工程无障碍通用规范》GB 55019—2021

《建筑给水排水设计标准》GB 50015—2019

《住宅设计规范》GB 50096—2011

《建筑装饰装修工程质量验收标准》GB 50210—2018

《建筑内部装修设计防火规范》GB 50222—2017

《住宅厨房模数协调标准》JGJ/T 262—2012

《住宅卫生间模数协调标准》JGJ/T 263—2012

《住宅室内装饰装修工程质量验收规范》JGJ/T 304—2013

《装配式整体卫生间应用技术标准》JGJ/T 467—2018

7.1.1 标准化设计

厨卫空间小，设施复杂，如果能推广标准化尺寸，形成成套搭配的解决方案，各部分的用材、接口和性能形成标准化模式，将极大地解决厨卫品质不高的问题。《住宅卫生间模数协调标准》JGJ/T 263—2012、《住宅厨房模数协调标准》JGJ/T 262—2012、《住宅厨房及相关设备基本参数》GB/T 11228—2008、《住宅卫生间功能及尺寸系列》GB/T 11977—2008 中进行了标准化尺寸的推荐，但因为住宅建筑设计体系的问题，推广应用不够广泛。

近年来，由于装配式建筑室内装饰装修的推广和发展，整体厨卫成为新兴的部品类

---

[1] 公共厨房的设计和产品选型主要为专项设计范畴，《指南》不涉及。

型，整体厨卫通过把墙、顶、地以及重要的设备和部品进行集成，形成接口匹配的规格化产品。如整体卫浴，除了防水底盘以外，还有与之配合的壁板、顶板，以及浴缸、化妆镜、化妆台、照明灯具、换气扇、水嘴、毛巾架、浴巾架、上下水管线等，配置标准化，成套供应，功能完善。装配式整体卫生间应遵循《装配式整体卫生间应用技术标准》JGJ/T 467—2018 的规定。

将各种功能模块和设备管线在工厂里集成为整体卫浴、整体厨房等，在住宅施工现场只需要将各个部品、部件进行拼装，并安装在住宅中，不仅可以加快施工速度、便于维修和更换，也降低了湿作业带来的安全隐患和环境污染。为了最大化地发挥工业化部品品质稳定的特性，需要在设计阶段进行厨卫产品的选型，达到部品尺寸和建筑空间尺寸的协调。

7.1.2 净尺寸和构造空间

厨房和卫生间的最小使用面积要求见《住宅设计规范》GB 50096—2011，另外，《建筑与市政工程无障碍通用规范》GB 55019—2021 对有无障碍要求的公共卫生间、无障碍淋浴间等空间也提出了净尺寸的要求，见表 7-1。为避免构造尺寸预留不够导致净尺寸不足的问题，应在建筑设计阶段考虑轴线尺寸和净尺寸的关系，或选用占用空间少的墙面类型。

厨房、卫生间的尺寸要求　　表 7-1

位置	类型	尺寸要求
住宅厨房	由卧室、起居室（厅）、厨房和卫生间等组成的住宅套型的厨房	最小使用面积 4.0m^2
	兼起居的卧室、厨房和卫生间等组成的住宅套型的厨房	最小使用面积 3.5m^2
	单排布置设备的厨房净宽	不应小于 1.50m
	双排布置设备的厨房	两排设备之间的净距不应小于 0.90m
	室内净高	不低于 2.10m
	厨房门	洞口宽度最小 0.80m 洞口高度最小 2.00m
住宅卫生间	设便器、洗面器	最小使用面积 1.8m^2
	设便器、洗浴器	最小使用面积 2.0m^2
	设洗面器、洗浴器	最小使用面积 2.0m^2
	设洗面器、洗衣机	最小使用面积 1.8m^2
	单设便器	最小使用面积 1.1m^2
	室内净高	不低于 2.10m
	卫生间门	洞口宽度最小 0.80m 洞口高度最小 2.00m
满足无障碍要求的公共卫生间（厕所）、无障碍更衣室		内部应留有直径不少于 1.50m 的轮椅回转空间
无障碍淋浴间	短边宽度	不应小于 1.50m
	淋浴间前	应设一块不小于 1500mm×80mm 的净空间
	和淋浴间入口平行的一边的长度	不应小于 1.50m

其他推荐尺寸、协调尺寸可参照《住宅卫生间模数协调标准》JGJ/T 263—2012、《住宅厨房模数协调标准》JGJ/T 262—2012、《住宅厨房及相关设备基本参数》GB/T 11228—2008、《住宅卫生间功能及尺寸系列》GB/T 11977—2008。

对于城市公共厕所，其厕位比例和数量、卫生设施的设置、技术要求、卫生洁具的平面布置和卫生设施的安装等内容应符合《城市公共厕所设计标准》CJJ 14—2016 的规定。

对于整体卫浴（整体卫生间）这一特殊类型，构造空间尺寸，即尺寸预留是重要的内容，在《装配式整体卫生间应用技术标准》JGJ/T 467—2018 中规定：

(1) 整体卫生间壁板与其外围合墙体之间的预留安装尺寸：无管线时不宜小于50mm；敷设给水或电气管线时不宜小于 70mm；敷设洗面器墙排水管线时不宜小于90mm；

(2) 整体卫生间防水盘与其安装结构面之间的预留安装尺寸：采用异层排水方式时不宜小于 110mm；采用同层排水后排式坐便器时不宜小于 200mm；采用同层排水下排式坐便器时不宜小于 300mm；

(3) 整体卫生间顶板与卫生间顶部结构最低点的间距不宜小于 250mm；

(4) 当整体卫生间设置外窗时，应与外围护墙体协同设计，整体卫生间外围护墙体窗洞口的开设位置应满足卫生间内部空间布局的要求，窗垛尺寸不宜小于 150mm；整体卫生间的壁板和外围护墙体窗洞口衔接应通过窗套进行收口处理并做好防水措施。

在尚未进行供应商产品选型时，可以按照以上尺寸进行建筑空间的预留，但目前各供应商的产品体系在尺寸预留要求方面有一定差异，因此宜尽早进行产品选型，并与供应商确认细部预留尺寸。

7.1.3 防火性

按照《建筑内部装修设计防火规范》GB 50222—2017 的要求：

(1) 建筑物内的厨房，其顶棚、墙面、地面均应采用 A 级装修材料；

(2) 厨房内的固定橱柜宜采用不低于 B_1 级别的装修材料；

(3) 卫生间顶棚宜采用 A 级装修材料。若顶棚装修使用非 A 级材料时，应在浴霸、通风设备周边进行隔热绝缘处理，以提高防火安全性。

7.1.4 防滑性

《建筑地面工程防滑技术规程》JGJ/T 331—2014 中规定，室内厕浴室的防滑等级不应低于 B_d 级别（$0.60 \leqslant COF < 0.70$）；对于老年人居住建筑、托儿所、幼儿园及活动场所建筑厨房、浴室、卫生间等易滑地面，防滑等级应选择不低于中高等级的防滑等级。

7.1.5 防水防潮

厨卫均有防水防潮的要求，应符合《建筑与市政工程防水通用规范》GB 55030—2022 的规定，厨卫防水等级为一级，防水做法不应少于 2 道，整体装配式卫浴间的结构楼地面应采取防排水措施。室内墙面防水层不应少于 1 道。淋浴区墙面防水层翻起高度不应小于2000mm，且不低于淋浴喷淋口高度。盥洗池盆等用水处墙面防水层翻起高度不应小于1200mm。墙面其他部位泛水翻起高度不应小于 250mm。

卫生间应设排水坡，并应坡向地漏或排水设施，排水坡度不应小于1.0%。应做好节点的防水密封处理。所用的面层材料应具备防水防潮性能，厨卫内装各部分的常用材料，见表7-2。

厨卫的常用饰面材料 **表7-2**

类型	部位	饰面层常用类型
厨房（住宅）	墙面	陶瓷砖/板、岩板、带饰面硅酸钙板等
	顶面	金属块状面层吊顶（铝扣板、铝蜂窝板）、集成吊顶
	地面	陶瓷砖/板等
卫生间（公共、住宅）	墙面	陶瓷砖/板、岩板、片状模塑料（SMC）板等
	顶面	金属块状面层吊顶（铝扣板、铝蜂窝板）、集成吊顶、片状模塑料（SMC）板等，装饰要求高的卫生间干区也可采用整体面层吊顶（面板应防水防潮）
	地面	陶瓷砖/板、岩板、片状模塑料（SMC）板等

7.1.6 墙面吊挂重物

卫生间的墙面常见悬挂热水器、电散热器、浴室柜等设计需求，无障碍卫生间还有扶手抓杆等部品的固定要求，应考虑墙体、墙面是否有足够的握螺钉力和吊挂力。

厨房应考虑吊柜、中部柜以及悬挂在墙面上的散热器、燃气热水器等设备的需求。

7.1.7 竖向构件和部品的强度和抗冲击

除了墙面耐撞击以外，厨房和卫生间排烟道、排气道，橱柜、浴室柜均有强度和抗冲击的要求。

7.1.8 气密性

厨卫的防反味和串味除了与住宅室内的压力、排水管和排气道压力变化相关，还与末端器具相关，与卫生间反味最直接的末端器具为坐便器、地漏、盥洗台下水器等。根据《建筑给水排水设计标准》GB 50015—2019的要求，水封装置的水封深度不得小于50mm，坐便器、盥洗台下水器等末端器具自带或在排水口以下设置的存水弯的水封深度也不应小于50mm。厨房的排气道所配套安装的防火止逆阀应具备高密闭性，符合《建筑通风风量调节阀》JG/T 436—2014的规定。

厨卫的防鼠虫应做到各类管道接口、架空层等缝隙的密封。

厨卫的设计要点、性能要求和相关工程标准见表7-3。

厨卫设计要点、性能要求和相关工程标准 **表7-3**

选型要求	厨房	卫生间
标准化尺寸	《住宅厨房及相关设备基本参数》GB/T 11228—2008	《住宅卫生间功能及尺寸系列》GB/T 11977—2008
构造空间	见表7-1 整体卫浴（整体卫生间）参照《装配式整体卫生间应用技术标准》JGJ/T 467—2018并与供应商确认	
环保性能	《建筑环境通用规范》GB 55016—2021	

续表

选型要求	厨房	卫生间
防火性	厨房内的固定橱柜宜采用不低于 B_1 级别的装修材料	顶棚宜采用 A 级装修材料。非 A 级材料时，应在浴霸、通风设备周边进行隔热绝缘处理，以提高防火安全性
地面防滑	老年人 B_d 级别（0.60≤*COF*＜0.70）	B_d 级别（0.60≤*COF*＜0.70）
防水	防水等级为一级，地面防水做法不应少于 2 道，墙面防水层不应少于 1 道。泛水翻起高度不应小于 250mm	防水等级为一级，地面防水做法不应少于 2 道，墙面防水层不应少于 1 道。淋浴区墙面防水层翻起高度不应小于 2000mm，且不低于淋浴喷淋口高度。盥洗池盆等用水处翻起高度不应小于 1200mm；其他部位不应小于 250mm。排水坡应坡向地漏或排水设施，排水坡度不应小于 1.0%
防潮	墙体、墙面、楼地面采用耐水材料，见《指南》第 2 章～第 4 章	墙体、墙面、楼地面采用耐水材料，见《指南》第 2 章～第 4 章
墙面吊挂重物	厨房应考虑吊柜、中部柜以及悬挂在墙面上的散热器、燃气热水器等设备的需求	卫生间的墙面常见悬挂热水器、电散热器、浴室柜等设计需求，无障碍卫生间还有扶手抓杆等部分的固定要求，应考虑墙体、墙面是否有足够的握钉力和吊挂力
排（气）烟道耐火性能	1h	1h
防反味和串味	水封装置的水封深度不得小于 50mm，防火止逆阀应具备高密闭性，符合《建筑通风风量调节阀》JG/T 436—2014 的规定	水封装置水封深度不得小于 50mm，坐便器等末端器具自带或在排水口以下设置的存水弯的水封深度不应小于 50mm
防鼠虫	接口缝隙密闭	接口缝隙密闭

7.2 产品选型及相关标准

厨房、卫生间作为功能空间，整体性较强，墙、顶、地、家具柜体、五金洁具等部品部件需要互相搭配组合，其选型所参照的主要性能和主要执行的产品标准见表 7-4、表 7-5。

7.2.1 卫生间整体要求/整体浴室

《住宅卫生间功能及尺寸系列》GB/T 11977—2008 主要规定的是卫生间功能、设施配置、尺寸。其中尺寸分为普通卫生间的尺寸、无障碍卫生间的尺寸、整体卫生间的尺寸、卫生洁具距墙及相互间尺寸、管道距墙（或地面）及相互间尺寸。该标准的范围较广，针对的是卫生间整体，包括以传统湿作业方式的卫生间和整体卫浴。

按照《整体浴室》GB/T 13095—2021 的术语定义，整体浴室是指由构件及连接型材等构成主体结构，与各种部件与辅件组成，具有淋浴、盆浴、洗漱、便溺等功能或这些功能之间组合，并通过现场装配或整体吊装进行安装的独立卫生单元。

我国最初的整体浴室是受日本等产业化发达的国家影响，首先在中日合作的项目中进行试点，并在快捷酒店等项目中进行了大量实践。初期的整体浴室主要为 SMC 材质，主要特征是底盘一体模压成型、能够不依赖墙体独立支撑，后发展出瓷砖复合铝蜂窝、瓷砖复合聚氨酯等底盘材质，壁板除了 SMC 外，也出现了彩钢板、瓷砖复合等类型。

厨房产品选型主要性能指标和标准 表 7-4

部位和主要应用类别		主要性能	主要执行产品标准
整体厨房、厨房整体		—	《住宅厨房及相关设备基本参数》GB/T 11228—2008 《住宅整体厨房》JG/T 184—2011
轻质隔墙	条板隔墙、砌块隔墙	防火性能、环保性能、抗冲击性、隔声性能等	详见《指南》第 2 章
墙面	陶瓷砖/板、瓷砖复合无机板、岩板覆膜硅酸钙板等	环保性能、防火性能、耐变形、耐擦洗和耐划擦性、干挂耐撞击等	一般选型指标详见《指南》第 3 章 装配式墙板应符合《厨卫装配式墙板技术要求》JG/T 533—2018
楼地面	陶瓷砖/板	环保性能、防火性能、防滑性能等	详见《指南》第 4 章
顶面	铝扣板集成吊顶、铝蜂窝板集成吊顶	防火性能、环保性能、变形性能、设备集成等	详见《指南》第 5 章
门		耐水、防霉、抗冲击等	详见《指南》第 6 章
排气道		耐火极限、垂直承载力、耐软物撞击等	《住宅厨房和卫生间排烟（气）道制品》JG/T 194—2018
橱柜和部品部件	柜体	环保性能、理化性能（耐高温、耐水蒸气、耐干热、耐冷热温差、耐划痕、耐龟裂、耐污染、耐酸碱、耐磨性、抗冲击、耐老化、吸水厚度膨胀率）等拉门强度、耐久性、翻门强度等	《家用厨房设备　第 1 部分：术语》GB/T 18884.1—2015 《家用厨房设备　第 2 部分：通用技术要求》GB/T 18884.2—2015 《家用厨房设备　第 3 部分：试验方法与检验规则》GB/T 18884.3—2015 《家用厨房设备　第 4 部分：设计与安装》GB/T 18884.4—2015 《住宅厨房家具及厨房设备模数系列》JG/T 219—2017
	台面	理化性能（耐污染、吸水率、耐冲击、耐热水等）；力学性能（垂直冲击、持续垂直静荷载、耐久性）等	
	洗涤池	抗冲击、耐污染等	《家用不锈钢水槽》GB/T 38474—2020
	烟机	—	《吸油烟机》GB/T 17713—2011
	灶具	—	《家用燃气灶具》GB 16410—2020

表 7-5

卫生间产品选型主要性能指标和标准

部位和主要应用类别		主要性能	主要执行产品标准
整体浴室、浴室整体		—	《整体浴室》GB/T 13095—2021 《住宅整体卫浴间》JG/T 183—2011 《住宅卫生间功能及尺寸系列》GB/T 11977—2008
轻质隔墙	条板隔墙、砌块隔墙	环保性能、抗冲击性等	详见《指南》第 2 章
墙面	陶瓷砖/板、瓷砖复合无机板、岩板、覆膜硅酸钙板等	环保性能、耐变形性、耐擦洗性、耐久性、干挂耐撞击等	一般做法详见《指南》第 3 章 装配式墙板应符合《厨卫装配式墙板技术要求》JG/T 533—2018
地面	陶瓷砖/板	环保性能、防滑性能等	详见《指南》第 4 章
顶面	铝扣板集成吊顶、铝蜂窝板集成吊顶等	防火性能、环保性能、变形性能、设备集成等	详见《指南》第 5 章
门		耐水、防霉、抗冲击等	详见《指南》第 6 章
浴室柜		稳定性、强度、耐久性	《卫浴家具》GB 24977—2010
排气道		防火、防撞击	《住宅厨房和卫生间排烟（气）道制品》JG/T 194—2018
卫生洁具和配件	地漏	排水流量、密封性	《地漏》GB/T 27710—2020 《地漏》CJ/T 186—2018
	卫生陶瓷、非陶瓷类卫生洁具	—	《卫生陶瓷》GB/T 6952—2015 《非陶瓷类卫生洁具》JC/T 2116—2012
	花洒、水嘴、配件	—	《卫生洁具　淋浴用花洒》GB/T 23447—2023、《陶瓷片密封水嘴》GB 18145—2014、《卫生洁具排水配件》JC/T 932—2013
	淋浴屏	—	《淋浴房玻璃》GB/T 36266—2018
	电器	—	《家用和类似用途电器的安全　第 1 部分：通用要求》GB 4706.1 —2005

《整体浴室》GB/T 13095—2021 在 2021 年发布的版本考虑了玻璃纤维增强塑料板、彩钢板、陶瓷复合板等产品类型，所规定的主要技术要求有外观、使用功能、通电、光照度、耐湿热性、电绝缘、强度、耐污染性、耐化学介质、粘结强度、连接部位密封性、闭水性能、配管检漏、防水盘性能。《住宅整体卫浴间》JG/T 183—2011 的主要性能指标有通电、照度、耐湿热性、电绝缘、强度、刚度、连接部位密封性、配管检漏。与《整体浴室》GB/T 13095—2021 相比，仅照度、挠度指标值不同。

除了整体卫浴外，还有一类装配式卫生间采用 ABS 防水盘、地胶等地面，以及干挂墙面等以干式工法进行集成，业内一般称为集成卫浴或集成式卫生间，此类卫生间形成了成套的材料、配件、接口，但一般需要与卫生间原有的墙、顶、地固定。目前此类卫生间尚无产品标准规范。

7.2.2 厨房整体要求/整体厨房

《住宅厨房及相关设备基本参数》GB/T 11228—2008 规定了住宅厨房及相关设备基本参数和厨房设备与厨房设施的范围、术语和定义、分类、要求。其中要求主要针对尺寸、尺寸限值、管线布置，并在附录中给出了典型平面布置的示例。

与卫生间不同，整体厨房并无一个“盒子”类实体，《住宅整体厨房》JG/T 184—2011 定义整体厨房为“将厨房家具、厨房设备和设施进行整体布置设计而建成的供使用者进行炊事、餐饮等活动的功能空间”（该标准第 3.1 条）。该标准对住宅整体厨房、厨房家具、厨房设备进行分类，提出了厨房面积和布置型式，规定了尺寸（模数）系列、协调尺寸、管线与设备的接口，并对材料、外观、尺寸公差、燃烧性能、理化性能、力学性能、排水组件、木工要求、五金件和洗涤池的性能、安全环保要求、试验方法等进行了规定。该标准未包含对厨房墙、顶、地材料和性能的要求。

7.2.3 厨卫墙、顶、地

厨卫的墙面主要考虑环保性能、防火性能、耐变形、耐擦洗和耐划擦、耐久性。如果是采用干挂做法，还应该考虑耐撞击的性能；楼地面常用无机块状材料，如陶瓷砖、陶瓷板等，应重点关注环保性能、防火性能、防滑性能；厨卫的顶面通常有集成设备的需求，因此除了防火性能、环保性能、变形性能之外，还应该特别关注设备集成。相关的产品标准见《指南》第 2 章～第 5 章。另外，近年来，由于装配式建造方式的推广发展，当墙板采用装配式时，应遵循《厨卫装配式墙板技术要求》JG/T 533—2018 的规定。

《厨卫装配式墙板技术要求》JG/T 533—2018 适用于民用建筑室内厨房、卫生间非承重隔墙用装配式墙板系统。

该标准主要的指标要求为厚度要求、饰面层性能、软硬体冲击、饰物吊挂、设施荷载，见表 7-6～表 7-9。饰面层性能主要考虑厨卫墙面耐擦洗、耐腐蚀的性能，软硬物撞击则提出了结构性破坏和功能性破坏两种方式，结构性破坏是指“在荷载作用下，墙板系统出现倒塌、倾斜、局部被穿透、部分破碎或表观出现碎片的破坏”。功能性破坏是指“在荷载作用下，墙板系统未发生结构性破坏，但一项或多项使用功能丧失的破坏”（《厨卫装配式墙板技术要求》JG/T 533—2018 第 3.4 条、第 3.5 条），实验方法引用了《建筑物垂直部件　抗冲击试验　冲击物及通用试验程序》GB/T 22631—2008。

《厨卫装配式墙板技术要求》JG/T 533—2018 厚度要求　　表 7-6

类型	厚度要求
高密度无石棉纤维增强水泥板	宜不小于 6.0mm
中密度无石棉纤维增强水泥板	宜不小于 8.0mm
高密度无石棉纤维增强硅酸钙板	宜不小于 6.0mm
中密度无石棉纤维增强硅酸钙板	宜不小于 8.0mm
彩涂热镀锌钢板	宜不小于 0.60mm
铝合金板	宜不小于 1.0mm
陶瓷板	平均厚度宜不小于 6.0mm，最小厚度应不小于 5.0mm
天然石材板	宜不小于 4.0mm，且宜不大于 18.0mm
人造石材板	宜不小于 12.0mm

《厨卫装配式墙板技术要求》JG/T 533—2018 饰面层性能　　表 7-7

项目		性能要求	试验方法
耐湿擦洗性（μm）		≤10	《色漆和清漆　深层耐湿擦洗性和可清洁性的评定》GB/T 31410—2015
耐酸性		无变化	《金属及金属复合材料吊顶板》GB/T 23444—2009
耐碱性		无变化	
耐油性		无变化	
耐久性	耐盐雾性	不低于 1 级	现行国家标准《人造气氛腐蚀试验　盐雾试验》GB/T 10125
	耐湿热性	不低于 1 级	现行国家标准《漆膜耐湿热测定法》GB/T 1740

注：耐久性仅对厨房墙板要求。

《厨卫装配式墙板技术要求》JG/T 533—2018 软硬体冲击和饰物吊挂要求　　表 7-8

项目	性能要求
软体冲击	当软体冲击能量 250N·m 达到 1 次时，应无结构性破坏；当软体冲击能量 120N·m 达到 3 次时，应无功能性破坏，且最大残余变形应不大于 5mm
硬体冲击	当硬体冲击能量 10N·m 在 10 个点时，应无结构性破坏；当硬体冲击能量 4N·m 达到 1 次时，应无功能性破坏，并报告凹痕直径
饰物吊挂	当承受 100N 垂直荷载和 250N 水平荷载时，应无脱落和无功能性破坏

《厨卫装配式墙板技术要求》JG/T 533—2018 设施荷载性能　　表 7-9

设施荷载等级	性能要求	
	结构性破坏	功能性破坏
Ⅰ级	1000N	500N，且最大变形应不大于 1/500h（高度），且应不大于 5mm
Ⅱ级	2000N	1000N，且最大变形应不大于 1/500h（高度），且应不大于 5mm
Ⅲ级	4000N	2000N，且最大变形应不大于 1/500h（高度），且应不大于 5mm

7.2.4 排烟（气）道

厨房和卫生间排烟道、排气道执行的标准为《住宅厨房和卫生间排烟（气）道制品》JG/T 194—2018，其提出的要求包括外观质量、尺寸偏差、垂直承载力、耐软物撞击、耐火性能等。该标准规定排气道垂直承载力不应小于 90kN，耐软物撞击性能符合 10kg 沙袋由 1m 高度自由下落冲击 5 次的要求。

7.2.5 隔断构件

公共卫生间隔断构件执行的标准为《卫生间隔断构件》JG/T 545—2018，其中提出了隔断板表面的理化性能和物理力学性能，见表 7-10、表 7-11。

《卫生间隔断构件》JG/T 545—2018 理化性能指标　　表 7-10

项目	要求	
	有表面涂层	无表面涂层
表面涂层硬度	≥HB	—
表面耐划痕性能	—	1.5N 无整圈连续划痕
耐灼烧性能	≤2 级	
耐污染性	不留明显痕迹	≤2 级
耐化学腐蚀性	无明显腐蚀	—
耐湿热性	≤2 级	—
耐盐雾性	涂层：经 48h 铜加速乙酸盐雾试验，保护等级不低于 9 级； Cu+Ni+Cr 电镀层：经 96h 乙酸盐雾试验，保护等级不低于 9 级； Ni+Cr 电镀层/阳极氧化层：经 16h 铜加速乙酸盐雾试验，保护等级不低于 9 级	—

《卫生间隔断构件》JG/T 545—2018 物理力学性能指标　　表 7-11

项目		要求	
		厕所卫生间隔断构件	浴室卫生间隔断构件
衣帽钩吊挂力		无明显松动及永久变形	
连接密封性①		—	无渗漏
耐水性		—	无破坏
强度②		无明显变形或破坏，无功能失效	
门启闭性能	装配质量	启闭灵活，无卡阻，启闭力≤18N，采用磁吸时开启力应为 15～50N	
	反复启闭性	10 万次后启闭灵活，无卡阻，启闭力≤18N，采用磁吸时开启力应为 15～50N	

注：① 仅适用于浴室卫生间隔断构件。
② 开放式小便器卫生间隔断构件不要求。

7.2.6 橱柜设备

橱柜执行的标准主要有：

《家用厨房设备　第 1 部分：术语》GB/T 18884.1—2015

《家用厨房设备　第 2 部分：通用技术要求》GB/T 18884.2—2015

《家用厨房设备　第 3 部分：试验方法与检验规则》GB/T 18884.3—2015

《家用厨房设备　第 4 部分：设计与安装》GB/T 18884.4—2015

《住宅厨房家具及厨房设备模数系列》JG/T 219—2017

其中 GB/T 18884 系列标准中第 2 部分规定了规格尺寸和要求，要求涵盖了外观要求

（台面、门板、五金件、设备安装后的外观要求）、尺寸公差、形状和位置公差、材料、阻燃性能、理化性能、力学性能、排水机构、木工要求、卫生和环保要求、家用厨房器具、水槽、水嘴、五金件、家用废弃食物处理器一系列部品部件。

《住宅厨房家具及厨房设备模数系列》JG/T 219—2017 规定了住宅厨房家具及厨房设备的术语和定义、一般要求、厨房家具模数系列、厨房设备嵌入的模数协调、油烟机与吊柜组合的模数协调、灶具嵌入的模数协调和水槽嵌入的模数协调等。

7.2.7 卫浴家具

卫浴家具的执行标准为《卫浴家具》GB 24977—2010。在“5 要求”这一章中，提出了主要尺寸偏差、形状和位置公差，外观要求，配件要求，理化性能要求，产品耐水性，力学性能要求，卫生安全要求，安装及使用要求等。

该标准的理化性能要求指标与《家用厨房设备 第 2 部分：通用技术要求》GB/T 18884.2—2015 类似，力学性能要求中“悬挂式柜（架）极限强度”是强制性要求，应符合表 7-12 的规定。

《卫浴家具》GB 24977—2010 悬挂式柜（架）极限强度试验要求　　表 7-12

试验项目	试验条件	要求
正常安装后台面离地高度＜1000mm 的柜（架）	在最易发生破坏的位置，垂直向下施加 1000N 的力，保持 10min	试验后，柜体及各零部件连接无松动，连接部位应无变形、裂纹、损坏
正常安装后台面离地高度≥1000mm 的柜（架）	按该标准表 6 规定载荷（底板加载载荷 200kg/m^2，第一块搁板加载载荷 150kg/m^2，第二块搁板加载载荷 100kg/m^2，第三块及以后搁板加载载荷 65kg/m^2），在最上层置物层前沿任意处缓慢施加 100N 的垂直向下载荷，保持 10min	试验后，柜体及各零部件连接无松动，搁板、支承件无损坏，搁板无倾翻跌落，连接部位应无变形、裂纹、损坏

该标准中另外 2 个强制性章节为第 5.7 节、第 5.8.7 条。其中，“5.7 卫生安全要求”包含木质产品有害物质限量、产品放射性，以及规定了正常使用中可能接触到的部件或配件不应有毛刺、尖锐的端头、锋利边缘和尖角。

8 发展趋势与标准化展望

8.1 发展趋势

当前我国建筑业正面临转型升级的关键时期，随着城镇化率的不断提升，新建建筑在建筑工程中的比例也将逐步下降，逐步过渡为城市更新、既有建筑改造等形式，装饰装修在建筑工程中的重要性将不断提升。在这一过程中，人们对装饰装修设计、选材、施工的品质要求越来越高，应不断推进政策、标准、技术、监管等体系建设的前瞻性和系统性提升，从而提升建筑的使用功能和性能，提升建筑综合品质，为建筑整体转型和建筑相关产业链的完善升级作出贡献。

8.1.1 工业化/装配化

发展装配式内装修是解决我国传统建造方式问题的迫切需要，是实现可持续发展的重要途径和产业转型升级的必然要求。《“十四五”建筑业发展规划》明确提出：“积极推进装配化装修方式在商品住房项目中的应用，推广管线分离、一体化装修技术，推广集成化模块化建筑部品，促进装配化装修与装配式建筑深度融合”。通过装配式的方式，进行部品选型、深化设计、生产加工，打通设计到生产的链条，能够实现高品质、低噪声、高效率、少污染，是进一步完善我国住宅产业的要求，将促进提升需求，打开内装修产品市场，有利于内装修产业链上下游各行业的建立和发展，有利于明确划分开发、设计、施工及部品供应方之间的责任和义务。

装配式装修的特点：

(1) 设计和生产高度集成标准化和规范化。通过模块化设计和标准化生产流程，实现了构件和部件的一致性和规范化。装配式装修中，由于大部分构件在工厂内精确制造，可以更好地进行质量控制。质检人员可以更容易地追踪和解决问题，并确保每个构件都符合预定标准，从而减少工程变动和错误，提高工程的可靠性。

(2) 施工效率高。装配式装修将很多工序提前到工厂进行，加之减少了耗时长的湿作业，因此大大提高了施工速度。相比传统建筑施工，装配式装修可以缩短总工期20%～40%，保证工程质量，有效节省减少了人力资源和时间成本。

(3) 对施工现场的影响较小。采用管线分离免开槽设计，减少了施工现场噪声、粉尘和废弃物的污染。这不仅提升了施工安全性，还降低了对周边环境和居民的影响，改善了施工现场的工作条件。

(4) 灵活性较高。装配式装修采用模块化设计，构件可根据具体需求进行组合和拆卸，使建筑具有更高的灵活性。

另外，装配式装修作为建造方式的升级，能和信息时代的新技术进行紧密结合，如数字化设计、智能建造等。使用建筑信息模型（BIM）和虚拟现实等技术，可以在设计阶段更好地模拟和优化施工过程，提高生产效率和质量。

8.1.2　个性化

随着生活水平的提高，家庭结构、生活方式的改变和个性化需求是当今社会发展的趋势之一。随着科技的进步和人们对生活品质要求的提升，个体化的需求不断涌现，传统的生活方式和装饰装修观念已经无法满足人们的需求。以往批量化供应的生活空间已经不适应新的需求，人们渴望更多的舒适、自由和个性化的生活环境。对于生活空间的需求因人而异，如家庭成员的年龄、职业、兴趣爱好等都会影响居住环境的配置。有些人喜欢开放式的布局和多功能的空间设计，方便开展多项活动，而另一些人则更倾向于私密性和安静的空间，以获得更好的休息和放松环境。因此，装饰装修灵活性成为满足个性化需求的重要因素。

在技术上，材料应用技术不断发展，3D打印技术能够制作出各种定制化的装饰装修元素，参数化技术基于算法和参数能够生成不同的效果方案，提高了设计的灵活性和效率，可以生成大量具有差异性的设计方案，满足个性化的需求。

在建造方式上，通过干式工法、可循环利用技术和无损拆装、可逆安装等技术和整体构造方案，可以实现灵活性更高、改造更为简便的装饰装修改造，使装饰装修能够随着时间和需求的变化不断进行改造。

目前在住房供应上开始出现更加灵活多样的选择，不再局限于传统的户型设计，有了更多尺寸、格局和装饰装修风格，一些开发商还提供定制化的服务。设计师和开发商开始倾向于采用可重复使用和可调整的装饰装修方案，以便日后进行改造和升级。灵活的装饰装修设计还可以适应未来的需求变化，从而减少浪费和资源的消耗。

8.1.3　绿色化

随着人们环保意识的提高和对健康生活的追求，装饰装修中注重节能环保的趋势日益明显。选用环保材料是实现装饰装修环保的首要步骤，从世界各国的发展来看，健康环保的相关标准均已形成了体系。

除了主材的环保标准外，加工成部品部件后的环保性能，以及在施工中所需要辅材的环保性要求和关注度也越来越高。如在当前装饰装修中，无论是用户还是业主都较为关注墙面主材的环保性能，却常忽视基层板，难以保证室内空气质量；而装饰装修所用到的胶粘剂等材料，不仅与本身的环保性能相关，也与用量相关，需要进行全过程的、覆盖整体材料的设计和用材管控。

8.1.4　低碳化

传统室内装饰装修有大量找平层、垫层，采用大量的高排放建材。为了助力国家碳达峰、碳中和政策的实施，室内装饰装修应改变建造方式，根据环境保护和资源利用的原则，选择低碳材料和低碳工艺，减少二氧化碳的排放和能源的消耗，以降低对环境的负面影响。

首先，在材料的选择上应优先考虑可再生资源和回收材料。例如，采用木材等可再生的材料，不仅具有良好的保温性能，还能够吸收并储存大量的二氧化碳。同时可以采用利废材料，如脱硫石膏等工业固废。

其次，低碳施工工艺是实现装饰装修低碳化的另一个关键因素。在施工阶段，可以采用预制模块化构件和干式施工工艺，减少现场施工产生的废弃物和对环境的污染。另外，在装饰装修过程中，合理规划施工顺序，避免重复施工和浪费资源，确保施工效率和质量。合理管理和分类处理产生的废弃物，尽量实现资源的回收再利用。

最后，因为装饰装修的寿命低于主体结构，宜采用可检修、可拆除的构造，以及便于改造回收的装饰装修建材，一方面有利于维持建筑较好的使用状态，延长使用寿命；另一方面也可以在更新的时候节省资源和能源。

同时，低碳装饰装修不仅要考虑装饰装修设计和建材的低碳化，还要考虑采用高能效的设备，如采用节能灯具和高效电器设备，减少能源消耗。在空调、供暖和通风系统的设计上，应选用能够实现智能控制和定时调节的设备，确保能源的有效利用。

8.1.5 智能化

随着电子信息技术的发展，数字家庭、智能家居、智能楼宇等智能化的应用场景不断扩展，软硬件设备供应商、集成商也不断涌现，智能化设备与装饰装修设计深度耦合，需要在考虑空间功能特征和使用方式的基础上进行协调配合。

在装饰装修设计中，首先要进行智能化系统的选型，需要考虑使用空间的功能，包括安全监控、智能照明、温度控制、能源管理等；兼顾系统的可靠性与稳定性、扩展性与兼容性、用户界面与易用性、安全性与隐私保护。

在装饰装修中应做好接口预留，包括电源插座、网络接口、管线接口、末端设备、控制中心等应预留足够的空间用于设备的安装和维护。智能化功能应和装饰装修的效果相协调，材质、灯光、音响、人机交互等相互配合，实现更优化的功能效果和使用体验。

除了在建筑中采用智能化外，智能化技术还可以与虚拟现实技术和增强现实技术相结合，为装饰装修工程提供更加直观、真实的展示效果。通过虚拟现实技术，可以在电脑或其他设备上实时查看和体验装饰装修效果，对材料、颜色、摆放位置等进行修改和调整，以达到最佳的视觉效果。而增强现实技术则可以将虚拟的装饰装修效果与实际场景相结合，帮助人们更好地理解和感受装饰装修效果，从而进行更加科学和理性的决策。

8.1.6 数字化

《“十四五”建筑业发展规划》提出，要在装饰装修等重点领域推进行业级建筑产业互联网平台建设，提高供应链协同水平，推动资源高效配置；鼓励大型设计企业建立数字化协同设计平台，推进建筑、结构、设备管线、装修等一体化集成设计，提高各专业协同设计能力。

随着装饰装修材料逐渐趋向于配套化、模块化，数字化程度也得到了逐步推进和发展，采用数字化平台进行材料招采、设计、施工管理与交付的一体化协同，实现精细化设计和管理，推动工程建设全过程数字化成果交付和应用。

8.2 标准化工作展望

8.2.1 补齐缺失标准，完善标准体系

我国装饰装修相关产品标准已经形成了较为完善的体系，对装饰装修质量起到了极大的正向保障作用。但在长期的标准化工作以及《指南》编纂梳理的过程中，仍然存在同类产品标准互相不协调、交叉重复、一品多标，高标准难以发挥作用等问题。

产品标准的制订，是保证出厂产品能够符合相关要求的重要指标，但是部分产品有多个标准且缺乏相互协调关系，性能要求存在不统一。产品符合任一标准都可作为合格产品流入市场，造成事实上高标准无法发挥作用。

随着建材应用技术的快速发展，部分新型建材存在标准缺失的问题，例如，墙面产品中的岩板、发泡铝板和楼地面产品中的环氧磨石等尚无专用的国家或行业级别的产品标准对其进行规范，对于装配式架空地面等新型模块化部品尚未编制相关标准。

8.2.2 建立选型标准，加强产品标准和工程标准的衔接

工程标准侧重整体和系统的设计要求，而产品标准则以材料性能为基础，两者存在衔接不够紧密的问题。在选型应用中，针对产品适用场景缺乏分级，不同类型产品在同类功能性能上难以对应，造成建筑师选型的困难。

一方面，在产品标准中，以材料性能为基础，常见分级、分型规定技术指标的情况，但绝大部分的分级、分型标准缺乏配套的应用场景，设计师缺乏选型应用的依据，在工程中难以明确提出产品等级的要求。如某涂料标准中按照对比率、耐刷洗、游离甲醛含量的指标分成了Ⅰ型、Ⅱ型和Ⅲ型，但是没有对应用场景提出要求。

另一方面，需要建立不同指标之间的对应关系。产品标准由于各个类别产品的特性不同，性能指标也有一定差异，如地板的耐变形能力，木地板采用含水率、表面耐冷热循环性能、尺寸稳定性、表面耐干热性能、表面耐湿热性能进行表征，而弹性地板类则用加热尺寸变化、加热翘曲、残余凹陷、抗弯曲性能来表征；且同种性能也可能在试验方法上有差异，如虽然都采用“耐磨性”指标来衡量，但无釉陶瓷地砖/板采用的是耐磨深度测定法，有釉陶瓷地砖/板采用的是表面耐磨性测定法，聚氯乙烯（PVC）地板采用的是椅子脚轮试验，而地坪涂料采用的则是旋转橡胶砂轮法。以上两类指标之间无法对应，难以给设计师在选型中提供各类产品通用的参考。《指南》在编纂过程中，结合设计师调研，对于同类型的性能指标列成表格供设计师参考，但是由于编制周期的关系，缺乏必要的实验数据支撑，暂不能将指标进行定量对应，为了使产品标准在选型中更具有参考性，将指标之间的差异性和共通性进行深入研究和规范意义重大。

8.2.3 响应行业热点，支撑城乡建设高品质发展

《“十四五”住房和城乡建设科技发展规划》提出“十四五”时期的指导思想是“立足新发展阶段，完整、准确、全面贯彻新发展理念，构建新发展格局，深入实施创新驱动发展战略，落实碳达峰碳中和目标任务，以满足人民日益增长的美好生活需要为根本目的，

以支撑城市更新行动、乡村建设行动为主线，持续提升科技创新能力，强化科技创新战略支撑作用，推动住房和城乡建设事业高质量发展”。针对“十四五”提出的城乡建设绿色低碳技术、城市人居环境品质提升、智能建造与新型建筑工业化等重点任务，应发挥标准是产业发展助推器这一作用，助力城乡建设高品质发展，如装配式内装标准、建筑产品碳足迹和环境影响标准、绿色建材产品系列标准等。

完善装配式内装系列标准：针对装配式内装这一建造方式的提升，虽然已经发布了《装配式内装修技术标准》JGJ/T 491—2021、《建筑装配式集成墙面》JG/T 579—2021、《厨卫装配式墙板技术要求》JG/T 533—2018，但目前对于架空地板、架空墙面等集成部品仍存在一定的标准缺失，产品良莠不齐也影响了技术的发展；室内装饰装修类与设备类产品进行交叉集成的新产品，如石墨烯发热墙板集成了墙面材料和加热模块，应该通过标准进行统一规范。

健全建筑产品碳足迹、环境影响系列标准：为了助力碳达峰、碳中和的实施，应对产品的碳足迹、环境足迹进行标识，从而促进整个产业链的绿色转型。用于计算产品碳足迹的标准和方法可能存在一些差异，但通常遵循 ISO 14040 系列标准、GHG 协议和 PAS 2050 的原则，采用全生命周期（LCA）评价的方法。首先是产品各个生产环节中产生的温室气体排放量，包括原材料的获取、运输、制造、组装和包装等流程；第二是使用阶段排放，考虑产品在使用过程中消耗的能源并由此产生的温室气体排放量，这可能涉及产品的能效、使用寿命和使用方式等因素；第三是外部源排放——考虑产品使用期间外部因素导致的温室气体排放，如供电系统的碳排放、使用产品所需的水和燃料等；最后还有产品终端排放，即考虑产品报废后的废弃处理过程中产生的温室气体排放量，包括回收、再利用、焚烧或填埋等处理方式。对建材产品制订进行碳足迹、环境影响的统一标准不仅帮助消费者做出更加环保和可持续的购买决策，也能促进企业绿色竞争和创新，为政策鼓励提供依据。

完善绿色建材产品系列标准：绿色建材是全生命周期内可减少对天然资源消耗和减轻对生态环境影响，本质更安全、使用更便利，具有“节能、减排、安全、便利和可循环”特征的建材产品。自 2013 年国务院办公厅转发《绿色建筑行动方案》，首次提出将“大力发展绿色建材”列为十大重点任务之一后，住房和城乡建设部、工业和信息化部印发《绿色建材评价标识管理办法》《绿色建材评价标识管理办法实施细则》等文件，随着一系列重要政策、文件的推动，经过十几年的稳步发展，目前绿色建材产品系列标准已经发布了两期 87 本，涉及的装饰装修建材有：金属复合装饰装修材料、墙面涂料、石膏装饰材料、镁质装饰材料、吊顶系统、集成墙面、纸面石膏板、隔墙板、弹性地板、整体橱柜等。随着产品种类规则的不断完善，将对室内装饰装修产品的整体品质提升起到关键作用。

附录 A　典型案例

A.1　住宅项目

A.1.1　案例 1　北京某政策型租赁住房

项目特点：

该项目采用全屋装配式装修。采用模块化隔墙体系、饰面基层体系＋开放饰面等装配式新技术做法，突出了工厂化、集成化，减少了现场工序，提升了工效。并采用 BIM 正向设计，BIM 技术可连接工厂智能制造，一键生成产品生产订单；BIM 整体模型可应用于数字化施工管控，并可作为后期数字化运营的基础。

本住宅项目为政策型租赁住房，户型面积为 80～135m^2。采用装配式剪力墙结构、装配化装修，住宅公区和户内均为全装修。项目采用全专业协同集成设计的方式，隔墙采用集成模块隔墙系统，墙面采用开放饰面系统，地面采用非架空干式地面系统，厨房和卫生间采用装配式厨房及卫生间（图 A-1、图 A-2）。

图 A-1　起居室实景图

图 A-2　卧室实景图

室内装饰装修设计和选材：

（1）隔墙

现场用集成模块隔墙系统：将骨架支撑、管线点位、内部填充集成工厂预制，现场拼接快速安装的隔墙。

模块内隔墙产品的选型，除产品外观一致性及平整性外，应有标准的产品组成及安装方式，确保隔墙整体性能满足设计要求，如隔墙的燃烧性能均应为 A 级；隔声性能（含除面层外的隔墙整体构造）不低于 40dB；耐火极限不应低于 0.5h，当应用于防火隔间时，不应低于 1.0h。

隔墙构造上，隔墙内部的支撑构造——龙骨厚度不应低于 0.6mm；隔墙内部填充材料燃烧性能应为 A 级；填充材料物理性能应稳定，不粉化、不塌落；模块隔墙外部墙板应选用厚度不低于 6mm±0.2mm 的硅酸钙板，其密度不低于 1.3g/cm^3，含水率不高于 12%，湿涨率不高于 0.25%，抗折强度大于 14MPa，纵横强度比不低于 60%；隔墙间应有企口连接构造，企口尺寸不应低于 8mm。

隔墙外观上，产品高度尺寸偏差不大于 3mm，宽度尺寸偏差不大于 1mm，厚度尺寸偏差不大于 2mm，边直度误差不大于 2mm，平整度误差不大于 2mm；模块隔墙外观应符合以下要求：正表面板材无鼓包和明显凹凸不平现象；整体无明显弯曲、变形现象。

（2）墙面

采用开放饰面系统：饰面基层板通过控制产品误差，使现场拼接较平整，可免刮腻子转而直贴壁纸，达到饰面开放的效果；配合智能设计平台可实现菜单式、个性化的饰面设计需求。

饰面基层板的基础物理性能应满足设计标准，如材料的稳定性、燃烧性能，应选用燃烧性能为 A 级的材料；基层板宜选用厚度不低于 10mm±0.5mm 的硅酸钙板，基层板表面不均匀度不得大于 2%；基层板应采用企口连接构造，基层板企口平直度误差不得大于 0.2mm，铣槽深度偏差不得大于 0.2mm，榫部偏差不得大于 0.2mm；基层板表面应满足贴壁纸要求。

（3）楼地面

非架空干式地面系统：地面石膏基自流平一次浇筑成型；供暖层采用高抗压强度 XPS 供暖配 ϕ20mm 供暖管；面层饰面开放，复合瓷砖、木地板等均可使用。起居室、厨房面层采用硅酸钙板复合瓷砖，采用型材卡扣式连接；卧室面层采用木地板，配合硅酸钙板基层板铺贴地板。

采用石膏基自流平时，砂浆 pH 不应低于 7.0；30d 流动度不得低于 140mm；24h 抗压强度不得低于 6.0MPa；28d 抗压强度不得低于 20.0MPa。

供暖层应选用无空腔的材料，材料燃烧等级不低于 B_1 级。当选用 XPS 时，其抗压强度不应低于 1000kPa，其上表面应附着厚度不低于 0.2mm 的均热铝箔；供暖管管径应为 DE20mm；供暖层厚度最薄处不应低于 5mm。

（4）内门

房间门采用快装门及门套，门采用铝框架硅酸钙板门，门套为定制钢制覆膜门套，安装便利；厨房门为铝合金推拉门，窄边框＋钢化玻璃；卫生间采用铝合金 PD 门，占用空间小。

（5）厨卫

厨房地面为干式地暖＋干式瓷砖面层；墙面采用硅酸钙板 UV 涂装饰面板，A 级燃烧性能，整体大板耐油污、耐擦洗。

卫生间采用集成卫生间，一体化防水托盘；墙面采用硅酸钙板 UV 涂装饰面板，A 级燃烧性能。厨卫饰面板的选材标准为单块抗折强度应不低于 14MPa；抗冲击强度不低于 2.2kN/m^2；握钉力不低于 500N；应具有表面不透水性；甲醛释放量不高于 0.05mg/m^3。

A.1.2 案例 2 南京某人才公寓

项目特点：

本项目采用框架结构，以轻质隔墙分隔空间，后期可变性大，建筑结构体系采用现浇、砌筑的传统建造方式，建筑空间和装饰装修界面尺寸误差大，给装配化装修带来相当大的难度。对非标准结构及界面尺寸进行精确测量，采用模数调节的方式进行标准化部品部件设计，缩小内装部品部件的安装误差，通过可调节龙骨自身的高低调节功能，有效解决结构地面、结构楼板表面高低不平等问题，使得完成面标高精准，减小尺寸误差。实现非标准化建筑空间中装配化装修的模块化、标准化设计。

利用 BIM 技术深化设计，一体化平台保证各专业协同配合，改进部品生产工艺、提升自动化程度，合理规划运行路线、车辆选型，对现场人员、材料、设备的组织及合理调度，解决装配化装修综合成本控制。

本项目位于南京江北新区顶山街道，建筑面积约 3.4 万 m^2，为绿色三星建筑。采用装配式装修理念，墙体、地板、顶板等构件可以提前在工厂进行加工，运输到现场后，可以迅速组装，减少现场安装工作，大大缩短施工工期（图 A-3、图 A-4）。

图 A-3 公寓实景图

图 A-4 装配化厨房施工工艺图

室内装修设计和选材：

（1）内隔墙

为了达到较好的灵活性和可变性，本项目内隔墙采用了轻钢龙骨隔墙，实现管线分离，后期可灵活改造。龙骨符合结构设计要求，分档考虑罩面板的模数规格。铺设水电管线设备后，根据隔声要求，在龙骨中嵌满玻璃棉，墙顶填放要求一致。

（2）楼地面

采用装配式金属斜支撑支架地面系统，地暖模块内嵌，根据架空系统的模数进行相应软管的铺设，可变程度高、便于维修和拆卸，满足地暖辐射和面层实木复合地板的要求。

（3）厨卫

卫生间地面采用架空系统和同层排水相结合，在原有地面的基础上，采用架空系统，地脚螺栓杆件作为结构进行支撑并起到调节平衡的作用，在结构下部留有足够的空间以便铺设同层排水的管线，螺栓杆件上部除了连接保温板外，加设了整体防水底盘，将上部卫生间的水汽隔离于架空层之外，起到了防水的作用且便于后期维修。

A.2 公共建筑

A.2.1 案例1 山东某酒店

项目特点：

室内装修材料选择，第一，满足使用功能；第二，考虑合理的耐久性；第三，注意材料的环保性、安全性；第四，考虑经济性，不但要考虑一次性投资，而且还要考虑维护费用的大小（耐久性要求）；第五，考虑便于施工、满足装饰效果的要求。选材充分考虑气候特征，采用防潮基材，户内墙、顶、地大面积采用各品类天然石材、木饰面、壁纸、壁布、镜子玻璃、软硬包、实木地板等，公区大面积采用木饰面、不锈钢、石材、瓷砖，厨房间橱柜为定制成品橱柜。该项目全生命周期BIM技术应用，解决各项施工难题。

该项目采用钢筋混凝土框架剪力墙结构，层高为3.3m，抗震设防烈度7度，耐火等级为地上二级。

室内装修设计和选材：

（1）隔墙

隔墙基层为全钢架基层，除石材干挂基层外，均外封装饰纤维水泥板解决临海住宅基层易霉变问题，提高人居舒适感，造型隔墙采用纹理厚重的天然石材，提升视觉冲击感（图A-5）。

图A-5 墙体和吊顶施工现场与装修效果

（2）墙面

因海边空气潮湿，附近同类型酒店均出现硬包发霉现象，主要原因是采用了木制基层。综合考虑，设计优化采用PVC发泡板做基层，避免硬包发霉现象，以聚氯乙烯为主要原料，加入阻燃剂、抗老化剂，可锯、可刨、可钉、可粘，不变形、不开裂。

项目出于安装和应用安全考虑，采用铝蜂窝复合5mm厚石材，代替通常采用的20mm厚石材，每平方米重量由50kg变为12kg（图A-6）。

客厅墙面采用木饰面、艺术玻璃、石材等，卧室墙面采用壁布、壁纸，软包背景墙、木饰面等，厨房及卫生间墙面采用天然大理石材等。

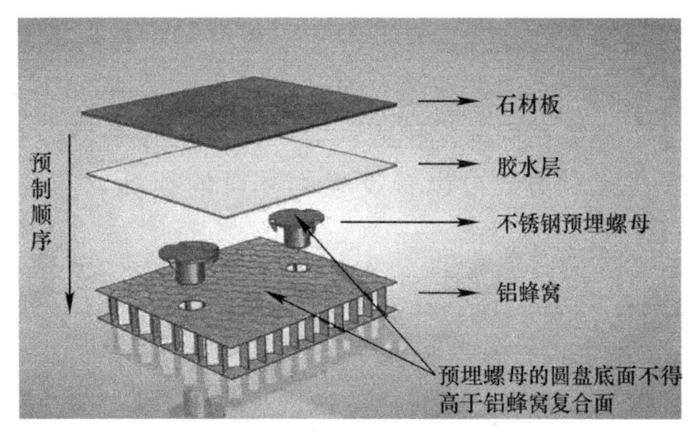

图 A-6 墙体基层和构造

(3) 楼地面

户内客餐厅、厨房、卫生间、阳台地面采用大理石，卧室、书房房间内采用实木复合地板、实木地板，公区电梯厅采用大理石，消防前室等空间采用瓷砖。

(4) 顶面

顶面多数户型采用石膏板吊顶，异型跌级吊顶采用 GRG 定制开模制作，乳胶漆采用乳白色环保漆料，平直叠级吊顶周边采用拉丝抗指纹不锈钢包边，部分户型顶面局部使用了蜂窝复合鱼肚白石材、平板木饰面、金银箔；灯具使用筒灯、射灯、LED 灯带，主灯使用艺术花灯，总体设计风格简约中不失典雅。

(5) 内门

户内房间门采用实木门，面漆为高光漆，门扇外贴同墙面材质的壁布或软硬包做法，以达到整体装饰效果。卫生间部分户型干湿分区推拉门隔断采用铝合金隔断门，部分采用平开门，均采用 12cm 超白玻钢化玻璃。

(6) 厨卫

厨房采用石膏板平顶设计，厨房门为玻璃推拉门，橱柜均为定制加工件，灯光选用相对明亮型号，保证自然采光和灯具补光效果。卫生间墙地面均为石材，灯具选用相对柔和，提升人居舒适度。

A.2.2 案例 2 江苏某交通枢纽

项目特点：

站房候车大厅的菱形吊顶采用了剪纸工艺，将渐变的菱形铝板折边剪切，形成疏密变化，独具特色吸人眼球。本项目候车大厅、出站厅、站台等空间均为全装修。其中隔墙采用蒸压轻质砂加气混凝土条板材＋型钢钢结构装配式隔墙，吊顶采用渐变式三角形冲孔铝板材料，墙面采用装配式铝板、石材、仿清水涂料，地面采用石材、仿水磨石地砖等材质。候车厅南立面采用通透玻璃幕墙，引入当地的花山自然景观，化景为境。大厅两侧的浅铜色格栅融入江阴长江大桥缆索形态，丰富了空间细节，传承当地地域文化。

本项目作为交通枢纽，是人流量集中区域，且站房项目多为高大空间，因此高大空间装饰材料的运用、施工工艺等不仅需要满足相关标准要求，并且如何在高大空间作业，采用何种方式进行安装是本站房空间的重点考虑对象。材料的选择应为绿色环保的不燃材料，并且充分利用材料自身的特性采取高效的装配式施工工艺进行施工。本项目吊顶采用渐变式三角形冲孔铝板材料，材料本身具有自重轻、不燃且可以采用装配式工艺的特点。墙面花岗石通过采用背栓干挂，内部挂架采用全螺栓连接的施工工艺加工安装。充分利用深化排版、工厂化加工等手段，在厂家或者加工场地进行全预制，通过预加工的方式可以有效避免材料的损耗，避免在施工现场二次加工，加快施工进度（图 A-7）。

图 A-7　站厅室内效果

室内装修设计和选材：

（1）隔墙

隔墙整体采用轻质隔墙板施工，墙板具有质量轻、强度高、环保、保温隔热、隔声、防火、快速施工等优点。

（2）墙面

候车厅墙面采用铝蜂窝复合铝板饰面，龙骨体系使用机械连接方式，大大提升了施工效率且有效降低了消防隐患。采用一体化墙面施工工艺，使得平整度更好，更美观，且更加有金属质感（图 A-8、图 A-9）。

图 A-8　候车厅墙面

图 A-9　候车厅墙面内部节点

（3）楼地面

地面采用1000mm×1000mm的麻石花岗石，铺设过程中全部设有找平器，确保每块板面之间缝隙均匀一致，做好细节管控。地面与墙面的对缝处理，很好地对设计的效果呈现（图A-10）。

图 A-10　集散厅

（4）顶面

商业夹层顶面采用纵向条板吊顶，加强纵向的延伸感，中间部分采用菱形交织图案，呼应建筑河网交织的设计理念。候车厅菱形吊顶采用全国首创的剪纸工艺，将渐变的菱形铝板折边剪切，形成疏密变化，顶面双曲弧形灯半隐半透，充满轻盈流动的空间感。吊顶整体采用装配式的方式进行组装，主要材料采用2.5mm厚穿孔铝单板、1.0mm铝条板；铝单板材质表面处理为喷涂，确保整体铝单板的使用寿命，铝单板采用专用安装机械将铝单板与龙骨连接成为一个美观及抗风的整体系统。吊顶龙骨主要材料采用160mm×60mm×20mm×3mm镀锌C型钢、120mm×50mm×20mm×2.5mm镀锌C型钢、40mm×40mm×3mm镀锌方管、40mm×4mm镀锌角钢。由于原结构顶采用球形网架结构，因此在通过何种方式将装饰吊顶与原结构进行连接需要重点考虑。经过一系列的论证，最终采用与下旋球螺栓连接以及抱箍连接相结合的方式进行。其中吊顶吊杆采用定制50mm×5mm扁铁抱箍及40mm×4mm热镀锌角钢吊杆，与网架下弦球点M12螺栓连接。这种方式可以有效地承受装饰吊顶重量并且结构稳定（图A-11）。

城市通廊顶部做叠级处理，使空间高度大幅提升。吊顶做曲面过渡，好似波浪起伏，中部透光铝板柔化光线，灰白色系现代简洁，提升旅客舒适度（图 A-12）。

图 A-11　吊顶铝板

图 A-12　城市通廊

附录B 隔墙产品常用执行标准

类型	主材	辅材
蒸压加气混凝土砌块	现行国家标准《蒸压加气混凝土砌块》GB/T 11968	现行行业标准《蒸压加气混凝土墙体专用砂浆》JC/T 890 现行国家标准《预拌砂浆》GB/T 25181
		现行行业标准《蒸压加气混凝土墙体专用砂浆》JC/T 890 现行国家标准《抹灰石膏》GB/T 28627 现行行业标准《建筑室内用腻子》JG/T 298
蒸压泡沫混凝土砌块	现行国家标准《蒸压泡沫混凝土和砌块》GB/T 29062	现行国家标准《预拌砂浆》GB/T 25181
		现行国家标准《抹灰石膏》GB/T 28627 现行行业标准《建筑室内用腻子》JG/T 298
陶粒加气混凝土砌块	现行行业标准《陶粒加气混凝土和砌块》JG/T 504	现行国家标准《预拌砂浆》GB/T 25181
		现行国家标准《抹灰石膏》GB/T 28627 现行行业标准《建筑室内用腻子》JG/T 298
陶粒发泡混凝土砌块	现行国家标准《陶粒发泡混凝土砌块》GB/T 36534	现行国家标准《预拌砂浆》GB/T 25181
		现行国家标准《抹灰石膏》GB/T 28627 现行行业标准《建筑室内用腻子》JG/T 298
石膏砌块	现行行业标准《石膏砌块》JC/T 698	现行行业标准《石膏腻子》JC/T 2514 现行国家标准《预拌砂浆》GB/T 25181
		现行行业标准《石膏腻子》JC/T 2514 现行国家标准《抹灰石膏》GB/T 28627 现行行业标准《建筑室内用腻子》JG/T 298
蒸压加气混凝土板	现行国家标准《蒸压加气混凝土板》GB/T 15762 现行国家标准《建筑用轻质隔墙条板》GB/T 23451 现行行业标准《建筑隔墙用轻质条板通用技术要求》JG/T 169	现行行业标准《蒸压加气混凝土墙体专用砂浆》JC/T 890 现行国家标准《预拌砂浆》GB/T 25181
		现行行业标准《蒸压加气混凝土墙体专用砂浆》JC/T 890 现行国家标准《抹灰石膏》GB/T 28627 现行行业标准《建筑室内用腻子》JG/T 298
混凝土轻质条板	现行行业标准《混凝土轻质条板》JG/T 350 现行国家标准《建筑用轻质隔墙条板》GB/T 23451 现行行业标准《建筑隔墙用轻质条板通用技术要求》JG/T 169	现行国家标准《预拌砂浆》GB/T 25181
		现行国家标准《抹灰石膏》GB/T 28627 现行行业标准《建筑室内用腻子》JG/T 298
水泥条板	现行国家标准《建筑用轻质隔墙条板》GB/T 23451 现行行业标准《建筑隔墙用轻质条板通用技术要求》JG/T 169	现行国家标准《抹灰石膏》GB/T 28627 现行行业标准《建筑室内用腻子》JG/T 298
		现行行业标准《石膏腻子》JG/T 2514 现行国家标准《抹灰石膏》GB/T 28627 现行行业标准《建筑室内用腻子》JG/T 298

续表

类型	主材	辅材
石膏空心条板	现行行业标准《石膏空心条板》JC/T 829 现行国家标准《建筑用轻质隔墙条板》GB/T 23451 现行行业标准《建筑隔墙用轻质条板通用技术要求》JG/T 169	现行国家标准《抹灰石膏》GB/T 28627 现行行业标准《建筑室内用腻子》JG/T 298
		现行行业标准《石膏腻子》JG/T 2514 现行国家标准《抹灰石膏》GB/T 28627 现行行业标准《建筑室内用腻子》JG/T 298
发泡陶瓷条板/发泡陶瓷复合条板	现行国家标准《建筑用轻质隔墙条板》GB/T 23451	现行国家标准《抹灰石膏》GB/T 28627 现行行业标准《建筑室内用腻子》JG/T 298
		现行行业标准《石膏腻子》JG/T 2514 现行国家标准《抹灰石膏》GB/T 28627 现行行业标准《建筑室内用腻子》JG/T 298
纸面石膏板龙骨隔墙	现行行业标准《可拆装式隔断墙技术要求》JG/T 487 现行行业标准《轻钢龙骨式复合墙体》JG/T 544 现行国家标准《建筑用轻钢龙骨》GB/T 11981 现行国家标准《纸面石膏板》GB/T 9775	现行行业标准《建筑用轻钢龙骨配件》JC/T 558 现行国家标准《紧固件　螺栓、螺钉、螺柱和螺母通用技术条件》GB/T 16938 现行国家标准《碳素结构钢》GB/T 700 现行国家标准《墙板自攻螺钉》GB/T 14210 现行行业标准《建筑室内用腻子》JG/T 298 现行行业标准《石膏腻子》JG/T 2514

附录C　墙面产品常用执行标准

类型	主材	辅材
涂料	现行国家标准《合成树脂乳液内墙涂料》GB/T 9756 现行行业标准《无机干粉建筑涂料》JG/T 445	现行国家标准《预拌砂浆》GB/T 25181 现行国家标准《抹灰石膏》GB/T 28627 现行行业标准《建筑室内用腻子》JG/T 298
墙纸墙布	现行行业标准《纺织面墙纸（布）》JG/T 510	现行行业标准《壁纸胶粘剂》JC/T 548 现行国家标准《预拌砂浆》GB/T 25181 现行国家标准《抹灰石膏》GB/T 28627 现行行业标准《建筑室内用腻子》JG/T 298
金属装饰板	现行国家标准《建筑装饰用铝单板》GB/T 23443 现行行业标准《建筑装饰用搪瓷钢板》JG/T 234 现行行业标准《建筑装饰用彩钢板》JG/T 516 现行行业标准《建筑装配式集成墙面》JG/T 579 现行行业标准《普通装饰用铝蜂窝复合板》JC/T 2113	现行国家标准《建筑用轻钢龙骨》GB/T 11981 现行国家标准《紧固件机械性能　螺栓、螺钉和螺柱》GB/T 3098.1 现行国家标准《铝合金建筑型材　第1部分：基材》GB/T 5237.1 现行国家标准《铝合金建筑型材　第2部分：阳极氧化型材》GB/T 5237.2 现行国家标准《铝合金建筑型材　第3部分：电泳涂漆型材》GB/T 5237.3 现行行业标准《混凝土用机械锚栓》JG/T 160 现行行业标准《金属板用建筑密封胶》JC/T 884
石膏板	现行国家标准《纸面石膏板》GB/T 9775 现行行业标准《装饰石膏板》JC/T 799 现行行业标准《装饰纸面石膏板》JC/T 997	现行行业标准《粘结石膏板》JC/T 1025
		现行国家标准《建筑用轻钢龙骨》GB/T 11981 现行国家标准《紧固件机械性能　螺栓、螺钉和螺柱》GB/T 3098.1 现行行业标准《混凝土用机械锚栓》JG/T 160
硅酸钙板、硫氧镁板	现行行业标准《纤维增强硅酸钙板　第1部分：无石棉硅酸钙板》JC/T 564.1 现行行业标准《建筑用菱镁装饰板》JG/T 414	现行国家标准《建筑用轻钢龙骨》GB/T 11981 现行国家标准《紧固件机械性能　螺栓、螺钉和螺柱》GB/T 3098.1 现行行业标准《混凝土用机械锚栓》JG/T 160
石材	现行国家标准《天然花岗石建筑板材》GB/T 18601 现行国家标准《天然大理石建筑板材》GB/T 19766 现行国家标准《超薄石材复合板》GB/T 29059 现行国家标准《干挂饰面石材》GB/T 32834 现行国家标准《树脂型合成石板材》GB/T 35157 现行行业标准《建筑装饰用石材蜂窝复合板》JG/T 328	现行国家标准《硅酮和改性硅酮建筑密封胶》GB/T 14683 现行国家标准《石材用建筑密封胶》GB/T 23261 现行国家标准《饰面石材用胶粘剂》GB/T 24264 现行行业标准《干挂石材幕墙用环氧胶粘剂》JC 887 现行行业标准《非结构承载用石材胶粘剂》JC/T 989 现行行业标准《混凝土用机械锚栓》JG/T 160 现行国家标准《碳素结构钢》GB/T 700 现行国家标准《低合金高强度结构钢》GB/T 1591

续表

<table>
<tr><th>类型</th><th>主材</th><th>辅材</th></tr>
<tr><td>石材</td><td>现行国家标准《天然花岗石建筑板材》GB/T 18601
现行国家标准《天然大理石建筑板材》GB/T 19766
现行国家标准《超薄石材复合板》GB/T 29059
现行国家标准《干挂饰面石材》GB/T 32834
现行国家标准《树脂型合成石板材》GB/T 35157
现行行业标准《建筑装饰用石材蜂窝复合板》JG/T 328</td><td>现行国家标准《碳素结构钢》GB/T 700
现行国家标准《低合金高强度结构钢》GB/T 1591
现行国家标准《紧固件机械性能　螺栓、螺钉和螺柱》GB/T 3098.1
现行国家标准《铝合金建筑型材　第1部分：基材》GB/T 5237.1
现行国家标准《铝合金建筑型材　第2部分：阳极氧化型材》GB/T 5237.2
现行国家标准《铝合金建筑型材　第3部分：电泳涂漆型材》GB/T 5237.3
现行行业标准《干挂饰面石材及其金属挂件　第二部分：金属挂件》JC/T 830.2
现行行业标准《混凝土用机械锚栓》JG/T 160</td></tr>
<tr><td>陶瓷砖/板</td><td>现行国家标准《陶瓷砖》GB/T 4100
现行国家标准《陶瓷板》GB/T 23266
现行行业标准《室内外陶瓷墙地砖通用技术要求》JG/T 484
现行行业标准《建筑装配式集成墙面》JG/T 579</td><td>现行国家标准《石材用建筑密封胶》GB/T 23261
现行国家标准《陶瓷砖胶粘剂技术要求》GB/T 41059
现行行业标准《陶瓷砖胶粘剂》JC/T 547
现行行业标准《陶瓷砖填缝剂》JC/T 1004</td></tr>
<tr><td>玻璃</td><td>现行国家标准《平板玻璃》GB 11614
现行国家标准《建筑用安全玻璃　第2部分：钢化玻璃》GB 15763.2
现行国家标准《建筑用安全玻璃　第3部分：夹层玻璃》GB 15763.3
现行国家标准《建筑用安全玻璃　第4部分：均质钢化玻璃》GB 15763.4</td><td>现行国家标准《不锈钢和耐热钢冷轧钢带》GB/ T4237
现行国家标准《不锈钢棒》GB/T 1202
现行国家标准《建筑玻璃点支承装置》《铝合金建筑型材　第1部分：基材》GB/T 5237.1
现行国家标准《铝合金建筑型材　第2部分：阳极氧化型材》GB/T 5237.2
现行国家标准《铝合金建筑型材　第3部分：电泳涂漆型材》GB/T 5237.3
现行国家标准《硅酮和改性硅酮建筑密封胶》GB/T 14683
现行行业标准《丙烯酸酯建筑密封胶》JC/T 484</td></tr>
<tr><td>木质挂板</td><td>现行国家标准《细木工板》GB/T 5849
现行国家标准《装饰单板贴面人造板》GB/T 15104
现行行业标准《建筑装饰用木质挂板通用技术条件》JG/T 569</td><td>现行国家标准《紧固件机械性能　螺栓、螺钉和螺柱》GB/T 3098.1
现行国家标准《铝合金建筑型材　第1部分：基材》GB/T 5237.1
现行国家标准《铝合金建筑型材　第2部分：阳极氧化型材》GB/T 5237.2
现行国家标准《铝合金建筑型材　第3部分：电泳涂漆型材》GB/T 5237.3</td></tr>
<tr><td>聚氯乙烯发泡板</td><td>现行行业标准《硬质聚氯乙烯低发泡板材　第2部分：结皮发泡法》QB/T 2463.2
现行行业标准《硬质聚氯乙烯低发泡板材　第3部分：共挤出法》QB/T 2463.3</td><td rowspan="3">现行国家标准《紧固件机械性能　螺栓、螺钉和螺柱》GB/T 3098.1
现行国家标准《铝合金建筑型材　第1部分：基材》GB/T 5237.1
现行国家标准《铝合金建筑型材　第2部分：阳极氧化型材》GB/T 5237.2
现行国家标准《铝合金建筑型材　第3部分：电泳涂漆型材》GB/T 5237.3
现行国家标准《硅酮和改性硅酮建筑密封胶》GB/T 14683</td></tr>
<tr><td>竹木纤维板</td><td>现行行业标准《建筑装配式集成墙面》JG/T 579</td></tr>
<tr><td>木塑装饰板</td><td>现行国家标准《木塑装饰板》GB/T 24137
现行行业标准《建筑装饰用木质挂板通用技术条件》JG/T 569</td></tr>
</table>

续表

类型	主材	辅材
木丝水泥板	现行行业标准《木丝水泥板》JG/T 357	现行国家标准《紧固件机械性能　螺栓、螺钉和螺柱》GB/T 3098.1 现行国家标准《铝合金建筑型材　第1部分：基材》GB/T 5237.1 现行国家标准《铝合金建筑型材　第2部分：阳极氧化型材》GB/T 5237.2 现行国家标准《铝合金建筑型材　第3部分：电泳涂漆型材》GB/T 5237.3 现行国家标准《硅酮和改性硅酮建筑密封胶》GB/T 14683 现行国家标准《建筑用轻钢龙骨》GB/T 11981 现行行业标准《混凝土用机械锚栓》JG/T 160

附录 D　楼地面产品常用执行标准

类型	主材	辅材
无机块材面层	现行行业标准《室内外陶瓷墙地砖通用技术要求》JG/T 484 现行国家标准《防滑陶瓷砖》GB/T 35153 现行国家标准《陶瓷砖》GB/T 4100 现行国家标准《陶瓷板》GB/T 23266 现行国家标准《天然大理石建筑板材》GB/T 19766 现行国家标准《天然花岗石建筑板材》GB/T 18601 现行行业标准《建筑装饰用水磨石》JC/T 507 现行行业标准《人造石》JC/T 908	现行国家标准《陶瓷砖胶粘剂技术要求》GB/T 41059 现行行业标准《陶瓷砖填缝剂》JC/T 1004 现行行业标准《陶瓷砖胶粘剂》JC/T 547 现行国家标准《天然石材防护剂》GB/T 32837 现行国家标准《石材用建筑密封胶》GB/T 23261 现行行业标准《天然石材用水泥基胶粘剂》JG/T 355 现行国家标准《室内装修用水泥基胶结料》GB/T 40376
木地板	现行国家标准《实木地板　第 1 部分：技术要求》GB/T 15036.1 现行国家标准《实木复合地板》GB/T 18103 现行国家标准《浸渍纸层压实木复合地板》GB/T 24507	现行行业标准《木地板铺装胶粘剂》HG/T 4223 现行行业标准《木地板胶粘剂》JC/T 636
弹性地板	现行行业标准《橡塑铺地材料　第 1 部分：橡胶地板》HG/T 3747.1 现行国家标准《聚氯乙烯卷材地板　第 1 部分：非同质聚氯乙烯卷材地板》GB/T 11982.1 现行国家标准《聚氯乙烯卷材地板　第 2 部分：同质聚氯乙烯卷材地板》GB/T 11982.2 现行国家标准《硬质聚氯乙烯地板》GB/T 34440 现行国家标准《半硬质聚氯乙烯块状地板》GB/T 4085 现行国家标准《室内装饰装修材料　聚氯乙烯卷材地板中有害物质限量》GB 18586	现行行业标准《聚氯乙烯塑料地板胶粘剂 》JC/T 550 现行行业标准《橡胶地板用胶粘剂》HG/T 4913
地毯	现行国家标准《簇绒地毯》GB/T 11746 现行国家标准《机织地毯》GB/T 14252 现行国家标准《室内装饰装修材料　地毯、地毯衬垫及地毯胶粘剂有害物质释放限量》GB/T 18587	现行行业标准《橡胶海绵地毯衬垫》HG/T 2015
有机类地坪面层	现行国家标准《地坪涂装材料》GB/T 22374 现行行业标准《环氧树脂地面涂层材料 》JC/T 1015 现行行业标准《水性聚氨酯地坪》JC/T 2327	现行行业标准《建筑室内装修用环氧接缝胶 》JG/T 542

附录 E 顶面产品常用执行标准

<table>
<tr><th>类型</th><th>主材</th><th>辅材</th></tr>
<tr><td>整体面层吊顶</td><td>现行国家标准《纸面石膏板》GB/T 9775
现行行业标准《纤维水泥平板 第1部分：无石棉纤维水泥平板》JC/T 412.1
现行行业标准《纤维增强硅酸钙板 第1部分：无石棉硅酸钙板》JC/T 564.1
现行行业标准《玻璃纤维增强水泥（GRC）装饰制品》JC/T 940
现行国家标准《建筑用轻钢龙骨》GB/T 11981</td><td>现行行业标准《建筑用轻钢龙骨配件》JC/T 558
现行行业标准《混凝土用机械锚栓》JG/T 160
现行国家标准《墙板自攻螺钉》GB/T 14210
现行行业标准《嵌缝石膏》JC/T 2075
现行行业标准《接缝纸带》JC/T 2076
现行国家标准《建筑绝热用玻璃棉制品》GB/T 17795</td></tr>
<tr><td>板块面层吊顶</td><td>现行国家标准《金属及金属复合材料吊顶板》GB/T 23444
现行行业标准《普通装饰用铝蜂窝复合板》JC/T 2113
现行行业标准《铝波纹芯复合铝板》JC/T 2187
现行国家标准《矿物棉装饰吸声板》GB/T 25998
现行行业标准《吸声用穿孔石膏板》JC/T 803
现行行业标准《装饰石膏板》JC/T 799
现行行业标准《膨胀珍珠岩装饰吸声板》JC/T 430
现行行业标准《装饰纸面石膏板》JC/T 997
现行国家标准《 建筑用轻钢龙骨》GB/T 11981</td><td rowspan="2">现行行业标准《建筑用轻钢龙骨配件》JC/T 558
现行行业标准《混凝土用机械锚栓》JG/T 160
现行国家标准《建筑绝热用玻璃棉制品》GB/T 17795</td></tr>
<tr><td>厨卫集成吊顶</td><td>现行行业标准《建筑用集成吊顶》JG/T 413
现行国家标准《建筑用轻钢龙骨》GB/T 11981</td></tr>
<tr><td>格栅吊顶</td><td>现行国家标准《金属及金属复合材料吊顶板》GB/T 23444
现行国家标准《建筑用轻钢龙骨》GB/T 11981</td><td rowspan="3">现行行业标准《建筑用轻钢龙骨配件》JC/T 558
现行行业标准《混凝土用机械锚栓》JG/T 160</td></tr>
<tr><td>垂片吊顶</td><td>现行国家标准《一般工业用铝及铝合金板、带材 第1部分：一般要求》GB/T 3880.1
现行国家标准《一般工业用铝及铝合金板、带材 第2部分：力学性能》GB/T 3880.2
现行国家标准《一般工业用铝及铝合金板、带材 第3部分：尺寸偏差》GB/T 3880.3
现行国家标准《建筑用轻钢龙骨》GB/T 11981</td></tr>
<tr><td>金属条板吊顶</td><td>现行国家标准《金属及金属复合材料吊顶板》GB/T 23444
现行国家标准《建筑用轻钢龙骨》GB/T 11981</td></tr>
<tr><td>软膜吊顶</td><td>现行国家标准《建筑用轻钢龙骨》GB/T 11981</td><td>现行行业标准《建筑用轻钢龙骨配件》JC/T 558</td></tr>
<tr><td>涂料顶棚</td><td>现行国家标准《合成树脂乳液内墙涂料》GB/T 9756
现行行业标准《无机干粉建筑涂料》JG/T445</td><td>现行行业标准《建筑室内用腻子》JG/T 298
现行国家标准《预拌砂浆》GB/T 25181</td></tr>
</table>

附录F　室内门窗产品常用执行标准

类型	主材
钢木门	现行行业标准《建筑用钢木室内门》JG/T 392 现行国家标准《建筑幕墙、门窗通用技术条件》GB/T 31433
木质门窗	现行国家标准《木门分类和通用技术要求》GB/T 35379 现行国家标准《建筑幕墙、门窗通用技术条件》GB/T 31433 现行国家标准《木门窗》GB/T 29498
铝合金门窗	现行国家标准《铝合金门窗》GB/T 8478 现行国家标准《建筑幕墙、门窗通用技术条件》GB/T 31433
塑料门窗	现行国家标准《建筑用塑料门窗》GB/T 28886 现行国家标准《建筑幕墙、门窗通用技术条件》GB/T 31433

附录G 卫浴产品常用执行标准

<table>
<tr><th>类型</th><th>一般要求</th><th colspan="2">部品部件要求</th></tr>
<tr><td rowspan="5">卫浴一般要求</td><td rowspan="5">现行国家标准《住宅设计规范》GB 50096
现行国家标准《住宅卫生间功能及尺寸系列》GB/T 11977</td><td colspan="2">隔墙、墙面、楼地面、顶面、室内门窗见《指南》附录B～附录F</td></tr>
<tr><td>浴室柜</td><td>现行国家标准《卫浴家具》GB 24977</td></tr>
<tr><td>排气道</td><td>现行行业标准《住宅厨房和卫生间排烟（气）道制品》JG/T 194</td></tr>
<tr><td>地漏</td><td>现行行业标准《地漏》CJ/T 186
现行国家标准《地漏》GB/T 27710</td></tr>
<tr><td>卫生洁具和配件</td><td>现行国家标准《卫生陶瓷》GB/T 6952
现行行业标准《非陶瓷类卫生洁具》JC/T 2116
现行国家标准《卫生洁具淋浴用花洒》GB/T 23447
现行国家标准《淋浴房玻璃》GB/T 36266
现行行业标准《卫生洁具排水配件》JC/T 932
现行国家标准《陶瓷片密封水嘴》GB 18145</td></tr>
<tr><td>整体卫浴</td><td colspan="3">现行国家标准《整体浴室》GB/T 13095
现行行业标准《住宅整体卫浴间》JG/T 183</td></tr>
</table>

附录 H　厨房产品常用执行标准

<table>
<tr><th>类型</th><th>一般要求</th><th colspan="2">部品部件要求</th></tr>
<tr><td rowspan="5">厨房一般要求</td><td rowspan="5">现行国家标准《住宅设计规范》GB 50096
现行行业标准《住宅厨房家具及厨房设备模数系列》JG/T 219</td><td colspan="2">隔墙、墙面、楼地面、顶面、室内门窗见《指南》附录 B～附录 F</td></tr>
<tr><td>装配式墙板</td><td>现行行业标准《厨卫装配式墙板技术要求》JG/T 533</td></tr>
<tr><td>橱柜</td><td>现行国家标准《家用厨房设备　第 1 部分：术语》GB/T 18884.1
现行国家标准《家用厨房设备　第 2 部分：通用技术要求》GB/T 18884.2
现行国家标准《家用厨房设备　第 3 部分：试验方法与检验规则》GB/T 18884.3
现行国家标准《家用厨房设备　第 4 部分：设计与安装》GB/T 18884.4
现行行业标准《住宅厨房家具及厨房设备模数系列》JG/T 219</td></tr>
<tr><td>排气道</td><td>现行行业标准《住宅厨房和卫生间排烟（气）道制品》JG/T 194</td></tr>
<tr><td>配件</td><td>现行国家标准《吸油烟机》GB/T 17713
现行国家标准《家用燃气灶具》GB 16410
现行国家标准《家用不锈钢水槽》GB/T 38474</td></tr>
<tr><td>整体厨房</td><td colspan="3">现行行业标准《住宅整体厨房》JG/T 184</td></tr>
</table>